你自己就是宝藏

安姐儿　/著/

台海出版社

图书在版编目（CIP）数据

你自己就是宝藏 / 安妞儿著 . — 北京：台海出版
社，2018.9

ISBN 978-7-5168-1977-7

Ⅰ . ①你… Ⅱ . ①安… Ⅲ . ①成功心理－通俗读物
Ⅳ . ① B848.4-49

中国版本图书馆 CIP 数据核字（2018）第 189514 号

你自己就是宝藏

著　者：安妞儿			
责任编辑：武波 童媛媛		装帧设计：万有文化	
版式设计：万有文化		责任印制：蔡旭	

出版发行　台海出版社

地　　址：北京市东城区景山东街 20 号　　邮政编码：100009

电　　话：010-64041652（发行，邮购）

传　　真：010-84045799（总编室）

网　　址：www.taimeng.org.cn/thcbs/default.htm

E - m a i l：thcbs@126.com

经　　销：全国各地新华书店

印　　刷：天津盛辉印刷有限公司

本书如有破损、缺页、装订错误，请与本社联系调换

开　本：880 × 1230		1/32	
字　数：100 千字		印　张：6.25	
版　次：2018 年 9 月第 1 版		印　次：2018 年 9 月第 1 次印刷	
书　号：ISBN 978-7-5168-1977-7			
定　价：59.00 元			

没有什么不可能

文 / 李鲆

"别做那些不切实际的梦了，安安心心找份工作，过完下半辈子就算了！"

——你是不是经常能听到这样的话？

不知从何时起，大多数人对实现"梦想"这件事，失去了希望。

工作、房贷、人际关系……生活中的种种琐事，压得我们喘不过气来。大家都觉得现在能好好活着，有一份不错的工作，就已经是人生最好的结果了。

未步入社会前，我们充满雄心壮志，梦想以后可以闯出属于自己的一片天。可是步入社会后，大多数人被外界的评价、生活的压力所影响，对自己的定位，逐渐变成了"没什么特别的才能""平凡无比""没什么资本"，最后就自暴自弃地想：这辈子只能这样了。

我与安姐儿有个相同的观点，就是人虽生来平凡，却不能甘于平庸。拥有梦想，追逐更好的物质生活、精神层次，是人的本能。

千万不要对自己、对世界妥协，只要你不放弃，再大的梦想都有实现的可能。

安姐儿既没有强大的家庭背景，也没有什么特殊的才能，她与我们一样，都是这个世界中普通的一员。但是她通过努力，发现了自身的"宝藏"，从而实现了自己的梦想，从平凡中，活出了自己的不平凡。

开公司、在深圳买房、入户深圳、成为作家……从这些梦想里面随便挑一个出来，都是许多人毕生的追求，但安姐儿却将它们全实现了。她用亲身经历向大家证明，只要发现自己的宝藏，再大的梦想也有实现的一天。

我们策划出版《你自己就是宝藏》这本书，就是希望大家能像安姐儿一样，相信自己的价值、挖掘自己的"宝藏"，从而获得追逐梦想的勇气和方向。

《你自己就是宝藏》并不是一本单纯地给读者灌鸡汤的书，安姐儿在书中，也分享了大量实现梦想的技巧和方法，比如有效地管理时间、改变赚钱的思维等，让你能更加自如地运用你自己的"宝藏"。

别再把他人对你的否定放在心上，这个世上没有什么不可能，如果我们连梦想都不敢去追，我们还能给自己的人生留下什么？

就算你已经被现实打压得毫无信心，也请再给自己一个机会，翻开《你自己就是宝藏》，大胆地去追逐梦想。

这一次，你的梦想说不定就能实现了。

李鲆 出版策划
276527980

资深出版人，策划出版多部畅销书，著有《畅销书浅规则》
《畅销书营销浅规则》《微商文案手册》等

认识自我，活出自我

资深房地产企业高管 乡镇猪

认识"梦想家安姐儿"，是因为我们共同关注了一个朋友"深圳科技园三毛"。

我印象中的安姐儿，是一个善于观察并融入生活的记录者。她的描述细腻动人，带给人很大的感悟。

阅读她的文字，能够让人平静，感受生活的美好。在这个浮躁的时代，安姐儿能够按照自己的节奏生活并保持真我，太难得，可惜很多人会忽视自己的潜能。实际上，他们本是自信、自在、自我能量特别充足的人。

安姐儿有一次给我私信留言："亲爱的猪哥你好，庆幸关注了你，我从你那里学到了很多东西。最关键的是，你的情感和胸怀感染了我。我觉得在这样浮躁的年代，像你这样不为利益，静心写东西的人真心不多。"其实她自己就是这样的人。这就是所谓的志趣相投、气场相近。

阅读安姐儿的《你自己就是宝藏》，就像走了一段人生旅程，在旅程中重新认识了自己。

我们都知道，每个人都各有所长，却总是在攀比之间迷失了自己，很多人觉得自己是自信，实际上在他人看来是自负。很多人迷惘时，会感到不顺畅甚至怀疑自己的存在；很多人都羡慕别人的成功，殊不知别人也是如履薄冰，每时每刻都以危机意识来驱动自我增值和进步。

别被表象所蒙蔽，更不要迷失在攀比之中。

我想，这本书值得每一个人细读，我相信它会对你有所启发。

大多数人都低估了掌握一项技能需要的时间，所以容易灰心，容易放弃。多给自己一点儿时间去刻意练习、思考、调整、再练习就可以。

——安姐儿

你也可以是创造者

文 / 安姐儿

无论是大脑、身体，还是意识、思维，人类对它们的认识，都是刚刚开始。对人类来说，这些都是未知的宝藏。

我们已经知道的、了解的、可以运用起来的自身资源，都足够创造很多东西了，让我们把生活过得很好。

可是现实中，我看到太多骑驴找马的人，他们带着宝藏追求外界，却不观察自己、不认识自己、不认可自己……

以前的我也是这样，什么都向外求，觉得想要的一切东西都应该向外界要。

但是慢慢地，等我度过了一些时光、读了很多书、做了一些事，我越来越深切地体会到：自我是一切的源泉。每个人与生俱来就拥有取之不尽、用之不竭的宝藏，就看你相不相信，会不会使用。

人类很神奇，小小的身体本来无法抵抗任何动物的攻击，但是却因为大脑比其他动物先进很多，从而创造了水泥森林来保护自己。

不但如此，人类还制造出了无数文化作品和科技产品，并且都是从无到有，从零开始。

我们有反思过自己吗？是否充分地了解了自己？发挥过自己的特长吗？有没有曾经哪怕一段时间，沉醉于一种事物，极致钻研和学习？有没有曾经"生产"过任何一种"物"？比如文章、图画、视频、图片、音乐、舞蹈等。

其实，我们可以用文字、数字、音符、图案、影像……来创作，也可以结合其中的几种来创作。这些创作最终大都能以实物的方式呈现出来，比如书籍、实现某个功能的程序、歌曲、画作、建筑、服装等。

　　如今在这个时代、在这样的地点，你也可以是创造者，你也可以活出自己的精彩人生。

　　希望这本书能带给你一些启示，哪怕只有一个点，能运用到生活中也足够了。记得，最重要的是：你要开始行动。

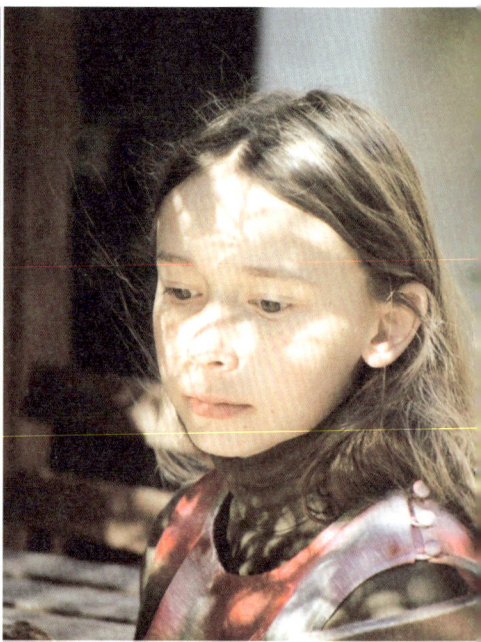

如果一个人取得了杰出成就，那只是因为他全身心地投入做事情，他燃烧了自己，产生了不断前进的动力。

——安姐儿

目录

CONTENTS

第三章 如何运用你的宝藏

第四章 人生的动机和目标

第一章

你离成功并不远

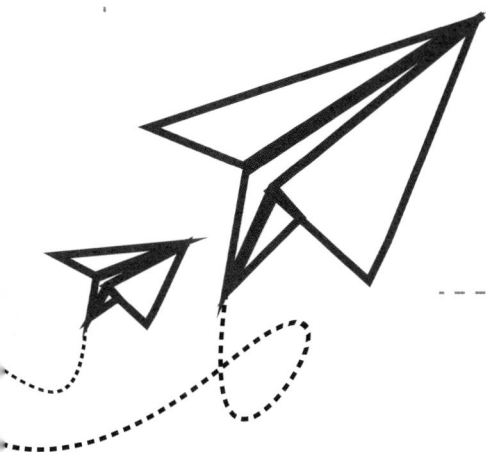

上初中的时候，有一天，班里来了一个县里转过来的插班生，是个梳着长辫子的女生。她的皮肤非常黑，穿着带有乡土气息的女士西装。因为这两点，我对她印象特别深刻。

不知道是不是因为刚从县里转到市区上学，这位女同学非常羞涩，话不多，在班里比较安静。就算是骑车放学回家的路上遇到了，她也只是礼貌地叫我一声，然后互相说两句就各自走了。

她，就是这样的一位同学。

前几年班里建了一个微信群，我们发现，她变成了一个貌美如花的女人——长发披肩、皮肤白皙、衣着讲究、生活小资。听说她住上了大房子，经常旅游，过着"高大上"的生活，我们都被她震住了。

原来，她现在是时尚博主，经常会在网上晒自己的衣着搭配，积累了很多的粉丝。现在她是一个可以用"爱好"赚钱，让任何人都想多看几眼的美人。她和上学时候的样子相比，完全判若两人啊！

无独有偶，前段时间，老公介绍我关注他的一个校友。

这位校友是个旅行博主，拥有上百万的粉丝，每天的生活就是去世界各地旅行。经常有各国的旅游景点、酒店，甚至汽车品牌邀请她去旅游代言。

她在几年前还是个非常土气、平淡无奇的小女生，她身边的人谁都没有想到她能变得如此光彩夺目、事业成功、生活幸福。一切的转变都来自她的一个决定：辞职，然后去旅行。

几年的时间，她从一个自费旅行的土妹子，成为有赞助商的时尚旅行博主，还成立了自己的公司。无论是外表还是内在气质，她的变化之大，令周围的人瞠目结舌。

你说这两人怎么变化这么大？是因为她们原来没有天赋和才华，后来有了，才发生这样的变化吗？是因为她们原来丑，后来整容了，变漂亮了？都不是。她们根本没有整容，现如今，让自己的容颜发生巨大的变化，根本不需要动刀子。

而且容貌的改变是一个结果，并不是原因。漂亮的人很多，但并不是每个漂亮的人都做成了事。这世间没有一步到位的改变。

她们本来就有才华和天赋，只是后来才发掘并开始使用。在对自身的摸索、练习和调整中，她们的宝藏被打开了，光芒照射了出来！

每个人其实最初看上去都很普通，只是有人发现了自我，打开了自己的宝藏之门。从此世界变得完全不同。而更多的人，一辈子都不曾开启那扇门，甚至不知道自己也拥有无穷的宝藏。

人，就是这样神奇。那么到底是什么决定人的命运呢？

相信大多数朋友都听过"性格决定命运"这句话，在此我想提出自己更深一步的思考和结论。

先来看看性格的定义：

性格是指表现在人对现实的态度和相应的行为方式中，比较稳定的、具有核心意义的个性心理特征。它是一种与社会相关最密切的人格特征，包含了许多社会道德含义。

性格表现了人们对现实和周围世界的态度，并表现在他的行为举止中。性格主要体现在对自己、对别人、对事物的态度和所采取的言行上。

我先提炼一下，性格是一种"心理特征"，是人对现

实和周围世界的"态度"。再顺藤摸瓜地理一下这个逻辑
线路：

心理特征和态度，在此基本是同一个含义，前者偏内，
后者偏外，指心态对内和对外的呈现，分别用了这两个词。

你对一个事物的态度来自你对这个事物的理解和认识。

同一件事情，每个人的看法不同，甚至人和人之间的
看法是完全对立的。

看法和认识不同，导致了每个人后续采取的行动不同，
行动不同，结果自然不同。

所以，我要提出的观点是：认识决定命运。

是时候更新自己的认识了，手机都几年一换，你的认
识"换"过吗？

很多人一辈子都在走一条路，却总是渴望到达新的地点，渴望着奇迹的发生，渴望发生一点与以前不同的事，这怎么可能呢？你不改变，一切都不会变。你是一切的源头，也是一切的原因。

——安姐儿

第一节 你也有天赋和才华

我总是听到有人说：

"我不像某某学习那么好，怎么可能像人家那么成功？"

"我不擅长演讲，不会写文章，所以那些不适合我。"

"我没有什么才华，所以只能做这个工作了。"

……

这些话语，是不是很耳熟，自己是不是也说过？老实讲，谁没说过类似的话呢？即使没有说出来，内心也这样想过。

可是，人类是自我矛盾的，在自我贬低的同时，也会有一颗自命不凡的心，有些人甚至心比天高。可真的到了实际行动的时候，就发现自己没什么拿得出来的才能，从而感到迷茫、失落、彷徨和无助。

你有过这样的感受吗？我有过。庆幸的是，随着岁月的流逝，我眼前的迷雾慢慢消失了，"真相"一点点显露出来……

这个真相就是：每个人都有才华，每个人都有天赋。是的，我是说每个人，包括你。你相信吗？我希望更多人认识到这一点，并且开始闪耀自己的光芒。

什么是才华？词典定义：人表现出来的才能，一般指能力，另一说多指文采。

什么是天赋？词典定义：天赋就是天分，是人成长之前就已经具备的成长特性。

我对这两个词做下深度解读和阐述：

才华，是一种行动上的积累。所以，才华是做出来的，持续、刻意、大量的练习，能让你拥有才能。当大多数人都无法坚持用行动去获得才华的时候，相比之下，你能做到，那么你的能力就凸显出来了。

天赋我想从另外的角度阐述。我不想把它定义成一个领域的特别能力，当然，现实中确实有一些人，从小在某个方面就具有特别的能力。比如可以很快掌握一门乐器，比如听一遍曲子就能记住，比如看书可以过目不忘……但是这种人凤毛麟角，绝大多数人还是符合正态分布的规律，属于"普通人"。

那么，天赋可以这样理解：作为一个正常人，你与生俱来的人类基因，携带着巨大的成长潜能，这个基因使你从一个细胞长成一个鲜活的生命体，然后逐渐成长为一个成人。

这个能力谁都不缺，因为天天都能看到这样看似稀松平常的事儿，所以我们对这种巨大的潜能习以为常，但是细想一下还是会被震撼到。

你只看到了肉体的成长和变化，内在心智的成长你可曾想过？那又是怎样的一个惊天动地的世界？

我现在告诉你，在心智的世界里，你也拥有一个核心的能力，那就是：学习的能力。

这个能力是无价之宝，拥有了它，你可以从 0 到 1，你可以让自己发生很多"质变"。你的"质变"可以让你在有限的人生旅途中，不断"进化"，越过一座又一座山峰。

这就是上天赋予你的能力，可以简称它为"天赋"。只不过这种与生俱来的能力，需要训练才能大放光彩。

可惜很多人对这个能力视而不见，他们认为身体的成长完成，就意味着个体的成长结束。一般来说18～23岁，人的身体就会停止生长了。如果那个时候个体完成了全部成长，那么在23岁以后的岁月里，一个人岂不是如同行尸走肉般活着？

所以，我们的正确认识应该是：

人体成长结束恰恰意味着一切刚刚开始。你带着上天赋予你的一切来到世间，成长为一个有独立意识的人，具备了挖掘和使用这些与生俱来的财富的物理条件，那么是时候开始行动了！正所谓"天生我才必有用"，既然来了，就好好感受生命的成长吧！

如果你的天赋是柴，那么热情就是火，只有热情才能让柴烧起来，
让柴发生质变。没有火的情况下，柴只是柴，不会发生任何改变。

——安姐儿

第二节 你缺的到底是什么

缺少能力？不。你缺少的只是练习。

有人说："我天生就不擅长学习。"

我的回答是："天生具有什么能力我就信；天生不具备某种能力，我就不信。"

婴儿出生后，如果不在人类的环境里长大，他是连说话都不会的。比如狼孩，因为他从小和狼一块生活，所以他的习性就跟狼一样。

相反，如果是在人类环境中长大的孩子，那么用筷子吃饭、张嘴说话、站起来走路等人类的技能，都能学会。从这点可以看出，人的学习基因具有适应性，和所处的环境密切相关。也就是说，如果不给他进行人类技能的训练，他就学不会。

连吃饭和走路都需要学，"学习"这件事情就不用学吗？

有谁天生会认字，还不都是学的吗？

比如，一句话的结构是：主谓宾，定状补。通过分析主语、谓语、宾语来理解一句话的意思。

小学、初中一直到高中语文里，都会有大量的"阅读理解"练习，老师会教学生如何分析一篇文章的主旨思想。这些能力都是需要练习的。

刚开始使用智能手机时，谁都不知道怎么用，后来大家还不是都学会了吗？刚开始没有语音输入的时候，人们都是先用一个手指慢吞吞地打字，后来才学会十指飞舞飞快输入。

事实证明，人的学习能力真的很强，就看你自己愿不愿意学了。

我给大家讲个小故事吧。

有一次，婆婆从干涸的池塘里捡了一只小乌龟回来，孩子和我都好开心，决定好好养育它。

我们找了一只塑料箱作为它暂时的家，它总是爬啊爬，渴望爬出箱子，但是每次爬到箱壁中间就掉了下去。见它不可能爬出来，我就没再总是盯着它了。

后来过了两天，我在沙发上看书，不经意歪头看向阳台，发现它的两个小爪子已经接近箱子顶端了。不过下一秒又掉了下去，所以我还是没当回事。

几天后，我睡了一个午觉，醒来就听孩子大声呼叫："小乌龟不见了。"

我们找了很久都没找到，估计是从阳台的缝隙中掉下去了。我有些难过，坐在沙发上发呆，觉得自己没有照看好它。可是与此同时，我突然明白，这么多天，它不断地爬，其实就是在进行不间断的练习。

刚开始它只能爬到中间，但是它没有放弃，不断尝试，直到它的攀爬能力已经可以达到箱口。就这样，它终于如愿以偿，爬了出去。一只乌龟，通过几日短暂的练习，都能超越自己的极限，突破困境，更何况人呢？

这件事情让我更加坚信，对于人来说，大多数情况下，我们遇到的所谓难事，只是因为你不够熟练，练习的次数太少了。

比如说学英语，当你不会读某个单词的时候，就多听几遍、多模仿几遍；当你的句子读得结结巴巴的时候，还是多读，读到不结巴为止；当你不会使用一个软件的时候，就从网上搜出说明，一步一步地反复看，实在不行做一步看一次，这样一点点顺下来；当你读文章遇到不明白的句子，就从头到尾仔细看，边看边分析，主谓宾定状补；当你一个工作做不好的时候，就把整个环节分析出来，一环一环地去琢磨、去调整、去实验。

真的没有什么事是通过持续练习学不会的。"难"只是在你的大脑里，你上来就定义它"难"，你就给自己设置了界限。这个世界本没有界限，但是你设置了，它便存在了。

这个世界有一种人，一辈子都在套一种模式，一直活在自己思维设置的限制里。

他们大脑里有无数的框框，他们在生活中来回碰壁，却不知道撞到的其实是自己设置的"墙"。

有一种人，活了一辈子都觉得别人"应该如何"，却没想过自己应该如何。这种人活在"浑然不知"中，却觉得自己无比智慧。你是这种人吗？是的话太可怕了，不过没关系，你看了这本书，你的世界就会开始改变。

陶渊明的《桃花源记》中有几句，我觉得很好：

"林尽水源，便得一山，山有小口，仿佛若有光。便舍船，从口入。初极狭，才通人。复行数十步，豁然开朗。土地平旷，屋舍俨然……"

其中这句"初极狭，才通人。复行数十步，豁然开朗"用来描述一个人行动的过程特别恰当。我们刚开始接触一个新的事物时，都会觉得"极狭"，就是觉得路好难走，但是你要持续去走，慢慢地就看到光亮了，就"豁然开朗"了。

所以说，当你觉得一件事太难了，不知道怎么克服的时候，只要坚持去做就可以了。做着做着，就上手了。什么事情刚开始做的时候都是难的，没有一件事情入门是简单的。

比如使用筷子这件事，谁第一次就能把筷子拿稳？成年的外国人第一次使用筷子，也会觉得其难无比。比如吃饭，小婴儿刚开始吃饭，能把食物送进嘴巴就是成功了。他们吃一顿饭会弄得哪里都是，衣服上、桌子上、地上，全部要大人重新收拾打扫。如果从两岁开始自己吃饭，要坚持练习到四五岁才能做到自己把绝大部分饭送入口中。

所以现在我们看来最简单的事情，也是经过了很长时间练习才掌握的，只不过我们掌握了以后就忘记了那个练习过程。所以，一切的关键是：要迈开步子走起来，多多地练习，直到掌握为止。

没有人天生缺少一种能力，从生物体这个角度来讲，每个人生下来都要从零开始。

"人家是清华、北大的，所以……"言外之意就是你不是清华、北大的，所以你不可能像人家一样成功。我以前听过不少人说过类似的话，包括我同学、朋友、亲戚等等。我对这种说法是不赞同的，这种话就是否定自我、自我设限。

换个角度分析，清华、北大毕业就是金刚护身符？就可以保终身？现在这个时代，学历早就不是铁饭碗了。只有一样东西可以给你铁饭碗，那就是自我能力的不断成长。

看到过一段话："铁饭碗不是在一个地方吃一辈子饭，而是你手上的绝活儿能让你到哪里都有饭吃，你的手艺就是铁饭碗。"特别赞同！

客观地说，清华、北大毕业不等于有智慧。一些顶尖大学毕业的人可能只是掌握了考试的方法，或者说答题的方法。除了这个，其他的并不怎么在行，甚至很差劲。

当然不否认更多的清华、北大学子，不但懂得考试，而且还有非常强的逻辑思维和反复练习的良好习惯。因为他们学东西总是学会为止，所以能力特别强。

大家要清晰地认识到一点：不要轻易地瞧不起他人，也不要轻易地把他人看得过高。对自己也是同样的道理。不要瞧不起自己，妄自菲薄，也不要过分高估自己。

那种一看就懂、一点就通的天才凤毛麟角，绝大多数人的智商都差不多，别人能做到的，你也可以做到。做到的秘诀是什么？无他，手熟尔。

对新的概念和方法，不要抱着"一两次就能掌握"的想法去接触，而是要抱着"多多练习直到熟练掌握为止"的心态去学习。大多数人都低估了掌握一项技能需要的时间，所以容易灰心，容易放弃。多给自己一点儿时间去刻意练习、思考、调整、再练习就可以。

充裕不是指数量上的多少，而是一种心境，一种看世界、看自己
的思维角度。以充裕的心境去观看，你才会爱上自己。爱上自己
是爱上世界的前提。

——安姐儿

第三节 你也有经度和纬度

练习的秘诀，你知道吗？

在横向和纵向分别编制，经度、纬度双管齐下，你也能织成自己的网。

我们已经知道能力是练习出来的，那么我们要如何练习呢？先看练习的定义：反复学习，以求熟练。

练习的核心就是"反复"，没有什么事是可以一下子就熟练掌握的。但是"反复"究竟该怎么反复？做事情不思考，无脑地做机械运动，这种反复没有任何意义。反复不只是动作上的不停重复。

比如有很多人说："我学了10年英语，还是听不懂、不会说。"那这时候，你就要问问自己是怎么学的了。还有人学了几年的游泳，还是不会游泳。

上面两个例子提到的"年"其实都是一个粗略的时间，

不是说一年内 365 天，天天去练习，大多数情况下是三天打鱼两天晒网，根本没有持续性。

所以在此，对"反复"一词，我给出两个角度的概念：一个是横向，指连续性；另一个是纵向，指深度。

（一）横向

烧一壶水，烧到水面刚开始有小波澜了就关火，然后不再理会，过了一段时间，水彻底凉透后才想起来，又去烧，重新开始。

这样的反复动作就是无用功，来来回回只停留在"起步"阶段。这个起步阶段搞不好还持续了 10 年，然后你还去和别人说："我学了 10 年了，都没学好。"

这就是没有注重横向的连续性的结果。

我这里给出解决方案：一旦决定烧水就要做好准备，心里一定要清楚需要多少时间水才会开。还要注意客观条件，比如说环境方面（要准备好完成任务所需的物质和环境），然后告诉自己：一次必须烧开，要不然就不开那个头。

一旦开始，无论如何都要做到每天练习，一点一滴、一步一个脚印踏下去，坚持把水烧开为止。

例如，英语听力的突破，据非常靠谱的英语老师给出的经验，想要把英语从零自学到精通，在没有语言环境的情况下，至少要有 9 个月不间断的练习，这个还是最低限度。

如果你做不到连续 9 个月每天都精听英语，就最好不要开这个头。否则反反复复停留在最初阶段，是对时间的浪费和对自己信心的打击。

关于客观条件的准备，很简单。我的建议是：不要多任务共同推进。

人的精力是有限的，尤其是初学者，要给一个崭新的任务留好充裕的时间，然后在这个时间内心无旁骛，就学一个技能，攻破了再进行下一个。以这样的心态来学习和练习，一关一关地突破。

每年最好只选择一个新任务，比如今年就是学英语，其他的事情都不做，今年把英语这关打通了，明年再开始另一个新任务。这样一年攻克一个，用几年的时间打通多个技能的"头部"，才有可能在以后的时间里，多任务共同推进后续的进阶。

如果我们不给孩子和自己下局限性的定义，在生活中表现出相信"一切皆有可能"的态度，那么无论是孩子还是我们自己，都可以不受任何限制地去开创崭新的人生。

——安姐儿

（二）纵向

纵向的深度非常重要，因为如果只是在时间上做到持续，但是在实际做练习的时候没有思考，只是做简单的机械运动的重复，那么就没有任何价值。

有的人练习说英语，听了很多遍也还是按自己的发音来说，就是不模仿英美人的语音。然后还使劲地反复读10多次，这样子，连"准确"这个基本点都没做到，来回重复只会加强错误的习惯，给大脑输送错误的意识。

明明听到了别人是怎么发音的，怎么不改呢？明明知道了这个事要这么做，怎么到做的时候，就走回原路了呢？

因为人都有惯性。初中的物理课都学过"惯性"这个词。惯性其实是特别巨大和可怕的一种力量。

你观察下身边的人，从自己的父母、兄弟、姐妹到朋友、邻居、同事，大多数人其实都活在"惯性"里，很多人一辈子都在重复一个模式而不自知。

他们日复一日、年复一年地用同样的方式生活，却期待能有不同的结果，那怎么可能呢？

所以，人都是有"路径依赖"的。什么是路径依赖？就是在日常生活中，你回家、上班或者去哪里，如果总是走那一条路，慢慢就习惯了。哪天突然想要换一条路，都要挣扎一下。

人类就是这样，惯性很大。路，是普通含义里的路，这里可以直接隐喻"方法"，思考的方法、做事的方法。当我们的大脑习惯用同一种方式去思考了，就总喜欢按照那样的逻辑去思考、去分析。

所以你会看到很多人，他们花了很多时间和金钱去报班学习、听讲，甚至游学，可是到头来没什么收获。因为他们没有改变自己的行事过程，过程不变，结果又怎么会变呢？

有些人到死都没有意识到自己陷入了"惯性"里。

有些人意识到了，但是改变"惯性"需要利用"加速度"去摆脱自身目前的运动状态，这会让人感觉吃力和辛苦，所以他装作没意识到，选择视而不见，于是依旧日复一日地重复着。

还有一些人不怕苦，努力制造"加速度"摆脱现有的运动状态，但是惯性的力量如此强大，他反复尝试后，依旧没有获得明显的改变，或者成功改变了一次，下一次又回到了原来的状态上。

其实任何的改变，都会经历这样的反复，关键是你要持续地去做。因为这些不断刻意督促自己制造"加速度"的人，一定会在反复实验和前进的过程中，摆脱原来的惯性，走上一条新的"路"。

我一直不会游泳，之前的水平停留在憋着气可以游 7 ~ 10 米，但不会换气。

2017 年我决定学游泳，我琢磨了一个流程，先自己看视频，然后到泳池里，按自己的理解，尝试了几次。可是我发现好像门路不对，就问了泳池里的一位女同胞，问她怎么呼吸。

按她的建议，我应该先在水中站立，原地练习水下吐气、水上吸气，然后再开始游泳。刚开始的时候，每次游泳，我都是走那一条"老路"，什么路呢？就是憋着气游，尽量游得远点儿再换气。

在我心中，用最短的时间，游最长的"距离"是最重要的，我总希望这次下去，直接就能多游几米了。就这样，我来来回回练习了好多次，还是老样子，没有任何进展。

我意识到自己的思维固化了。我心里最重要的一点是：尽快拉长游泳的距离，而不是学会游泳的技能。

于是，我告诉自己：必须改变这个思维，放下它，否则不会有任何改变。于是我默默地要求自己：这次潜下去，游一下就露头出来吸气。

就这样，我刻意地改变自己的思维，督促自己的身体去做这个动作，才终于逐渐学会了换气。

后来的练习中，我还是有很多次下意识地往"老路"上靠，所以并没有很快达到熟练的程度。看来，2018年的夏天，我还是要继续练习，才能真正掌握游泳技能。

这个例子能看出来怎么样在"深度"上练习，就是要"觉察"，去感觉自己的身体，去观察自己的反应。然后琢磨自己的思维路径：哪个条件需要更换？自己的思路哪个环节要调整？然后在练习的过程中去改变。

我记得以前韩国明星 Rain 说过一句话："比起你练习了多久，你是怎么练习的才是更重要的事。"

那一刻，我内心一震，明白了练习也是有不同层次的。单纯地强调时间没有意义，有质量的时间才有意义。

Rain 曾经一整天只练习一支舞蹈，精益求精。那种认真，那种在深度上的追求，为他从无名小卒成为巨星奠定了深厚的基础。

后来我慢慢明白了，成功一定不是单纯由一个原因促成的。你只看到了别人的辉煌，没看到别人日复一日努力。

运气只能是最后的一个助推器，一切的前提是你已经积累到了一定的程度，哪一天"运气"来的时候，你才会被"幸运之手"推一下，然后走向成功。

绝大多数人一生都会不断地循环走同一条路，或者说只用一种方式走路，然后抱怨"我已经学了 10 年了""我已经试了无数次了""我已经尽了最大努力了"……最后却依旧没有做到。

问题不是你做了多久，而是你怎么做的。

"再试一次"不是说再一次重复那个动作，而是从头到尾反思上一次自己犯的错，然后在执行过程中，琢磨每个步骤哪里有问题？哪里需要改变？最后在新的思考结果上，再做一次，这才是"再试一次"的含义。

所以说，我不太同意"一万小时理论"，这个理论说的是普通人和高手之间的差距，是一万个小时的练习。

一万个小时的练习绝对不是成为高手的"充分必要条件"，最多可以算是"必要条件"。因为如果只是机械性地重复是没有任何含义的，你要在重复的过程中琢磨出一些规律性的原理，然后调整路径。

"路径依赖"是每个人都会有的问题，这是由人的本能决定的。所以你要刻意观察，然后思考和练习，最后走上新的路径。时间不同，环境不同，拥有同样表象的一个事物，解决的办法可能完全不同。

所以，如果你对现状不满，但是却总是用同样的方法、同样的思维、同样的行动做事，然后还期待有不同的结果出现，这怎么可能呢？

无论何时，都不要放弃，无论前方多么黑暗，路途看上去多么坎坷，不要停止，请一直都充满希望，继续前行。

——安姐儿

第四节 别再给自己找借口

几年前我还在公司打工，有一次我和领导去印度尼西亚出差，晚饭后回到酒店，每晚都有"卧谈会"。我们天南地北地聊，引出了"选择和工作"这个话题。

我记得她很确定地说："我觉得一个工作如果做不好，换什么工作都不会做好。"

当时我本能地立刻反驳："不会啊，有的人在这件事上没有天赋或者没有兴趣，但在其他的事上能做得很棒啊。"她没有和我争论。

我深深地记住了她那句话，为什么是"深深"？因为我第一次听到这样的陈述，这个陈述和我的认知可以说是反向的。当时，吃惊之余，我觉得她讲得太绝对了，在我心里，人的可能性是无限的。

事情过去两年后，我的看法改变了。其实，我的话只是表面看来没有错，但是只要稍微深入思考就能明白，她的话更贴近真理。

为什么？人和人确实千差万别，各有千秋，但真正能成事的人并不是因为他拥有那个特长，而是因为他愿意投入全部精力，持续地去做那件事情。

如果一个人取得了杰出成就，那只是因为他全身心地投入做事情，他燃烧了自己，产生了不断前进的动力。

如果你今天在做 A 工作，做了一段时间什么成绩都没有，然后说："这个工作不适合我，换成 B 工作我肯定能做好。"你换到了 B 工作，但是结果依然如故……

成绩（成功是一种成绩），不是你有点儿兴趣就能得到的，万事都需要持续地积累，没有一蹴而就的。那些所谓的天才，哪个人不是在他选择的那个领域里全心付出，并且持续积累了一定时间，才取得巨大成绩的？

不要用"兴趣"来当借口，一件事能不能做好只和一个原因有关系，那就是能力。

然而，"能力"不是天生的，要自己去学习、反复练习、固化为自我能力，逐步去积累的。

话说回来，你认为我的这个领导刚好喜欢那份工作吗？不是的，她不喜欢，她也有过一些不满，甚至不止一次想过跳槽。

但是她明白并且坚持一个原则：就算跳槽也要先把目前的工作做好，现成的工作如果都做不好，找不到突破口，怎么能确定去了新的环境和岗位，就可以做出成绩呢？

我认为她能做出成绩的核心原因，正是因为做事情有"全力以赴"的态度。无论她喜不喜欢这份工作，对这个公司满不满意，只要她做了这件事，就竭尽所能做到最好。

这个思维是每个职场人都应该具备的。真正有能力的人，就是做什么都能做好，至少是做到自己所能达到的极致。这样，每办一件事都能成，也不用想着跳槽，因为自然会有人找上门来，给你提供机会。

史玉柱曾经说过："所谓人才，就是你交给他一件事情，他全力以赴做成了。你再交给他一件事情，他又千方百计地实现了。所谓庸才，就是你交给他一件事，不但没有做成，还找借口说是别人的原因，并声明和他本人无关。"

我这个领导刚来公司的时候，职位是我的助理，后来一路晋升到和我平级的位置，最后还成了我的领导。为什么？答案显而易见，那个时候的我和她，对"怎么对待一份工作"认识不同。

我那时候的认识是：我做得不够好是因为我不喜欢。我总是觉得自己的才华没有得到施展，是因为我不够喜欢，等我找到了喜欢的工作，一定可以大展宏图。

后来漫长的时间和经历让我慢慢明白，那个认识完全是本末倒置。事实是，你不喜欢是因为你做得不够好。做得好了，有成绩了，怎么会讨厌呢？

我认为，一个人要具备的核心能力就是学习能力。遇到问题、不会的东西，愿意去钻研、去思考、去反复尝试，直到掌握了方法，最后解决了问题。这样的人是挖井的人，他总有水喝，因为他具备找水的能力，换一个地方他依然会有水喝。

只做会的，不会的就放弃，做不好的就逃避，那就是挑水喝的人，能找到挑水的地方，就挑几桶来喝，找不到挑水的地方了，就只能哀叹自己命运不济。

现在我拥有了这个认识——干一行爱一行，就算感觉自己的兴趣在别处，也要把手头正在做的，做到能力所及的最好，然后再做自己感兴趣的事。否则你就是逃兵，遇到搞不定的事情就逃走。到头来一生都在做低水平的机械运动，而且你的人生中会有一件，甚至一堆没有圆满画上句号的事情，让你想起来就难受。

我认为，这个认识是人生坚实的基础。在这个基础上，展开个人的学习和成长之旅，一定会看到前所未有的美妙风景。

你看看，"认识"是多么的重要，可以影响一个人的事业和生活，也就是你的人生。所以说，我们每个人都要不断地升级认识。对一个概念的认识、对一个规律的认识、对一件事的认识，这些都来自你的大脑。大脑就是我们最大的宝藏之一。

当然，如果你现在还没有参加工作，并且已经清楚地知道自己的兴趣所在，那么直接做感兴趣的事，这就是最明智的选择。要知道，清楚自己的喜欢和爱好，是件非常幸福的事情。告诉你，你可是个少有的幸运儿。

第二章

你拥有的四大宝藏

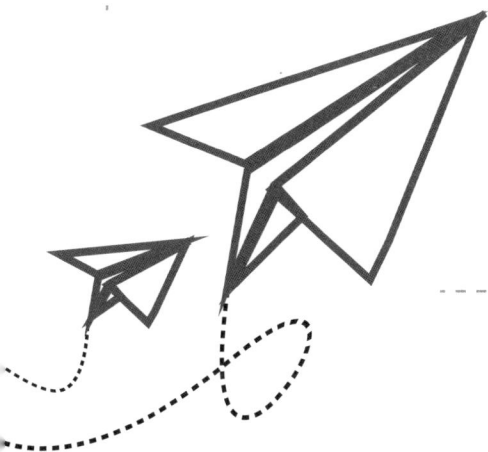

每个人与生俱来都带了上天赐给他的宝藏，那就是身体。身体这个东西很奇妙，至今全世界的科学家都没有把它研究透。例如目前有一些疾病是医学无法治愈的，同时却有一些人可以不治而愈。而疾病只是身体众多未解之谜中的小话题。

一提到身体，我们普通大众想到的是眼睛能看到的躯干，但是我这里想说的是看不见的东西：思维、情感、心灵。我认为，这三样东西是身体的核心宝藏，身体的主要作用是承载这些东西。

即便身体不健全，也不影响你的核心宝藏发挥能量。你看霍金虽然瘫坐在轮椅上，但是他的头脑可以思考出很多深刻的东西，甚至对全人类都产生了巨大的影响。

类似霍金这样身残脑健的人做出巨大成绩和贡献的例子不少。肢体残障人士们像健全人一样，创造了很多辉煌的精神文明。

随着科技的发展，现在的时代，你足不出户就可以让全世界的人看到你的才华和能力。肢体上的残缺越来越少地限制一个人的才华，所以香港著名的作家、词曲家黄沾先生曾经说过："这个世界不存在怀才不遇。"这句话放到当今时代，我是再认同不过了。

我们都有这样的经历：自己的体内好像不止一个自我。比如说，虽然我们知道总是玩手机、看八卦新闻是浪费时间，可是一闲下来就忍不住刷啊刷；知道暴饮暴食对身体不好，但是看到爱吃的东西还是忍不住大吃特吃；知道坚持有氧锻炼有助于身体健康，可就是做不到。

诸如此类"知道"却"做不到"的事情太多了，因为"知道"和"做到"的控制区域不一样。

"知道"是由大脑 A 部分控制的，"做到"不仅有大脑 A 部分还有其他的"区域"参与控制。所以结果是：人时常不能控制自己。

简单地说就是你的理性没有战胜你的感性，或者说，你的人性还不能完全战胜你的动物性（本能）。

人，说到底是一种动物。前面也提过，之所以是人，而不是其他动物"统治"地球，核心的原因就是大脑的进化。人的大脑进化到拥有不同于其他动物的东西——思维，我也把它叫理性。

正因为人类拥有思维，所以才会有人类文明、城市森林，才会有现在地球上的一切。

理性和感性到底是什么关系，它们分别来自哪里？它们都来自大脑。

大脑是个非常庞大复杂的课题，全世界的科学家们一直都在不懈地研究，但是至今没有哪个国家能把大脑研究透彻。

所以说大脑这个器官，对人类来说还有很多的未解之谜。不过幸运的是，随着科技的发展，最近 20 年，脑科学取得了很大的进步，人类对大脑的认知已经比以前深广很多了。

其实早在两千年前，古希腊著名的思想家、哲学家苏格拉底提出过"三个我"的分析和理论，可惜那时并没有相应的科学解释。今时不同往日，现在我们明白，这几个自我主要是因为大脑内部有多个功能区块。

大脑里有很多层，很多的功能区块，单纯从分析"三个我"来说，按血液到达的顺序从里到外，我概括地阐述一下分别是：

1.最里面的一层负责完成各种应激反应。

比如自我防御、吃喝拉撒这些最基本的动物特性。这一功能区就是"本能"，也就是我上面提出的动物性。

2.处于较中间的一层负责情绪。

比如喜怒哀乐、恐惧和兴奋等。这层大脑，哺乳类动物都有。猫和狗、马和驴都懂得什么是难过、什么是高兴。这一功能区就是"感性"。

3.靠外面的一层负责理性。

这一层把人彻底地与普通动物区分开来，使人成为真正的高级动物。作为高级动物，人类创造了很多物质、文化、精神产品。从此这个星球就有了人类文明。这一功能区就是"理性"，也是我说的"人性"。

基于此，我们说人类有三个自我，三个自我与这三个功能块一一对应。我认为这三个功能块都非常重要，不分主次、不分高低、不分贵贱，缺一不可，只有通力合作才能构成一个完整的人。

如果你只是里层和中层起作用，那不能算是个人，只是个看上去像人一样的动物。但是如果没有这两层，第三层也不可能存在了。

这些层次相辅相成，从外到里，我分别对其功能进行高度总结和浓缩。

（1）思维的能力，也就是理智，简称"理性""人性"。

（2）对外界感知的反应，也就是情绪，简称"感性"。这部分功能的行使主体是身体。

（3）动物的特性，简称"本能""动物性"。

我们常说的直觉，《现代汉语词典》的解释是：未经充分逻辑推理的感性认识。直觉是以已经获得的知识和积累的经验为依据的。

直觉，我个人把它定为感性和动物性的一种综合体验。

我努力工作，用心生活，是因为我想对得起来人世间这一趟；是因为我想对得起分分秒秒流逝的时光；是因为我想对得起风华正茂的年华。

——安姐儿

第一节 宝藏一——思维

人们经常说："这人有大脑，那人没大脑。"其实这里说的"大脑"就是思维，它相当于人体自带的电脑。可以存储记忆、分类信息，然后加工、产生新信息。

电脑需要不断地升级换代，才能适用于时代。同样的道理，人脑也需要升级换代。

大脑是人体的指挥操作系统，需要人刻意去运作才能升级换代，它本身不会单纯地随着年月的增加变得越来越聪明，但它是越用越灵活的。

这个世界上唯一一个不会越用越旧、越用越迟钝的东西就是大脑。

（一）清理

为什么要清理？

为了保持和提升电脑的工作速度，我们需要经常清理和升级电脑。同样的道理，人脑也要"清理"。垃圾越堆越多，严重影响思考效率。错误的思维会让人误入歧途，或者不断地在一个小圈子里转，怎么都走不出来。

仔细想想，人脑其实每天都在接受"信息"。尤其是从小就在我们身边的家人，其话语和行为模式对我们的影响极其巨大，原生家庭的影响甚至可能会伴随人的一生。这是为什么？细究起来是由人类的学习方式决定的。

每个人出生后都是对这个世界一无所知的。无论是说话、吃饭，还是其他的行为动作、思考方式，作为婴儿的我们都是通过"模仿"学会的。

因为我们通过观察和模仿周围的人来学习和掌握一切事情，所以很自然地套用了身边人的模式。这也是为何每个人身上都存留着很多他人的"印记"。

作为父母，需要特别注意不要在孩子面前评判别人的事，也不要评判孩子，就是少做"下定义"这样的事情。因为孩子会觉得你的"定义"就是事实，并运用在以后的生活中，而这其实是一种很大的设限。

我曾经在微博上总结过做父母的两个核心能力：

第一是想象力。你最好拥有超群的想象力，能够接受别人完全接受不了的假设与结果。拥有想象力的前提就是拥有相信的勇气和胆识，相信人的个体拥有无限的可能。这是一种智慧。

第二个就是自我清空的能力。清空自己的经验、见识。如果你只是以自己所知道的方式去教育孩子，那你的孩子最高的层次也不可能超过你的认识。

如果你可以不断地清空自己，不断地刷新自己的库存，同时敢于想象，然后懂得尊重和相信孩子，那么我相信你孩子的顶点，是你所预计不到的。

如果我们不给孩子和自己下局限性的定义，在生活中表现出相信"一切皆有可能"的态度，那么无论是孩子还是我们自己，都可以不受任何限制地去开创崭新的人生。

所以,作为家长,千万不要说"你不行的""怎么可能""别乱想了"这样的话。这些话是在给孩子设限,伤害巨大。

不只是作为家长,这些理论也完全适用于个人。我很相信一句话:没有做不到,只有想不到。迄今为止,人类已经实现了无数能想到的东西……

这一切的第一步就是:你要敢想。永远不要打击一个敢想的人,我们要经常把"一切皆有可能"挂在嘴上。

另外,还有一点是,切勿在孩子面前描述身体不适的症状以及你自己害怕什么东西等负面的情绪和感受。这些东西会轻而易举地进入儿童的内心,他会把这些东西内化成自己的。

随着我们从婴儿成长为儿童,再到少年和成年人,接触的就不只是家人了。我们有了同学,后来又有了同事。

由于我们人类自带"模仿吸收"的学习习惯,我们很容易感染一些身边人的思维和观点,甚至包括从电视和网络等各种途径"接收"到的信息。

这样的学习习惯,让我们接收到的各种信息,都有可能内化成自己的观点和思维习惯。

基于这个原因,我们必须要开启自己的"反观察行为"

来甄别。所以我常在微博说人一定要觉察，觉察自己每时每刻的感觉、思考、判断，从而让自己不会受到别人的影响和干扰。同时，也要看清楚自己有什么习惯，思考这些固有的习惯是如何影响着自己的。

只有认识自己，然后通过刻意规避和刻意练习走上一条新路，你才有可能开始改变。

比如，我如果在网上看到谁写"感冒了"，或者身边认识的人谁感冒了。即便不是很亲密的关系，我也会被"感冒"这个词感染。

后来我觉察到自己总是在潜意识里，把别人的感冒和自己连接，主动感染了感冒模式。为什么会这样呢？因为我非常害怕感冒，所以我一看到、一听到感冒这个词就特别紧张。这样的情绪刺激了我，让我调动了身体去与之响应。

意识到这一切以后，我对自己的这种记忆和感应使用"橡皮擦"，想象着擦掉与之相关的记忆，刻意地不去关注有关"感冒"的信息，后来被"感染"的次数果真大幅下降。

作为人，我们幼儿期需要通过模仿来学习，即便长大后，我们的每一天其实都活在各种关系中，需要不断地和家人、外界的人进行沟通、往来。

往来就一定会有信息的交互。

如果把刚出生的小婴儿比作透明的玻璃杯，那么只要他和其他的人有了"往来"，这个杯子上就会留下手印。

小孩子最先接触的人是家人，所以父母在孩子身上留下的"手印"非常深。

很多人一辈子都在重复自己父亲或者母亲的思维和行为模式而不自知。

所以，清理这个步骤非常重要。

不清理，你会携带着很多他人的模式，以及自己在生活中逐渐衍生出来的固定模式去生活，以至于处处碰壁还不自知。

所以我在微博写了一句话：无数人活在自己设置的"边界"里，却以为那是世界的边界。

下面举两个"活生生"的例子来进一步阐述。

事例一：追求

我认识一个女孩，在别人看来她很幸福：在大城市里拥有自己的住房，有爱自己的老公和活泼可爱的一对龙凤胎。事业上，有自己的小公司，工作时间弹性自由。

可是，她却总是愁眉苦脸，觉得自己拥有的太少，每时每刻都处在"饥渴"状态中。她觉得自己的房子太小了、钱也不够多、公司效益一般、孩子不够听话、老公不够能干。可以说，她眼中的世界就是"什么都不够"。

可什么才是"够"？多少才是"多"？每个人对多的定义不同，但是有一个显而易见的道理，"多"是没有边界的。无论你有多少，如果你觉得不够，那就还是"少"。

向外的追求永无止境，让人疲惫不堪。因此，这种心态让她经常觉得"心累"，无论得到什么都没有收获的喜悦，依旧渴望"更多"。

后来经过很长的时间，通过读书、咨询医生，她逐渐明白了自己为何如此。原来她幼年的时候长期受妈妈的影响，那个时候她的母亲极度渴望住大房子，几乎天天说、日日讲。

她的母亲总觉得自己住得不好，可是又没在能力允许的时候主动置换房子，导致居住环境长时间没有改变。

她被这种"渴望"的模式深深感染而不自知，这其实就是一种"印记"。渴望改变的她，读了大量的书后，逐渐看到了这个"印记"，终于明白了自己为何总是不满足。

后来通过不断地学习，现在她明白了：幸福不来自别处，而是来自内心。在饥渴的状态中无尽地奔跑去追逐"多"，这条路是没有尽头的。

事例二：赚钱

说到钱，你发现没有，人都羞于谈钱，骨子里觉得钱不干净。谈钱显得自己 low，其实"羞于谈钱"才是真的 low。明明是在意的，却要装作不在乎，违背自己的内心，越想掩盖越是难受，自己都觉得别扭。

不羞于谈钱不是说事事都要和钱扯上关系，不是说有个兴趣爱好就要去变现。而是说该谈钱的时候就谈，不逃避，不假装，平静淡然地对待这个话题。

为什么人们都羞于谈钱？就是因为钱这个东西被妖魔

化了，这种妖魔化的观念被植入人们的大脑里，逐渐成了思维的一部分。实际上，钱只是一个工具而已，它没有好与坏，只是人的欲望加之于它，让它成了替罪羊。真正应该被评价好与坏的是人心，不是钱。

人对钱的看法从根本上决定他和钱的关系。如果你骨子里厌恶钱，或者憎恨富人，或者觉得钱不干净，你会拥有钱吗？你会成为富人吗？一个人永远不可能拥有他其实并不从心底里认可的东西。

理智说：我需要钱，有钱可以买到我想要的东西。

潜意识说：钱脏，钱不是好东西；有钱的人都会变坏；挣钱太累了。

如果是这样的情况，你的体内都没有达成统一，你的结局只能是"没有钱"，就算是挣到了一笔巨款，也会"不知道怎么回事"就失去了，这样的例子比比皆是。

就像我曾经在微博上写过的一个小段子：

其实很多人并不是真的想赚钱。

人都喜欢钱是真的，但是并不是都想赚钱。大多数只是"想钱"，对于"赚"这个字其实是懒到不想去做的。

他总是问到底怎么赚钱，但是当你给出建议的时候，对方往往懒得去做。

比如有的人文笔不错，你建议他坚持写公众号，慢慢积累变现，他说："不行，我写得很差，拿不出手。"

有的人喜欢做手工，你建议他做点儿实际的小物品在网上售卖，他说："我没时间、没精力，忙不过来。"

有的人开网店，你建议他把手机端装修一下，吸引客户，他说："太麻烦了，反正电脑端装修好了就行了，总会有客户来的。"

这个小段子中提到的"想"就是理性，理性上谁都觉得钱重要，但实际上大多数人并不去行动。为什么？仅仅是因为懒吗？不是，是因为他和钱的关系没有处理好，他对钱的认知是不堪的。

这决定了他永远只能是"想"有钱，实际上却不可能真正拥有。

为什么他对钱的认知是不堪的？因为他从小被周围的环境植入了"钱是罪恶的""有钱人都不是好东西""挣钱很辛苦""钱总是来了又走，不会长久留在我身边"等观念。这些观念固化在了他的大脑里，使他认为这是事实。

美国有一位亿万富翁，他在成为亿万富翁之前，最穷的时候要用硬币去加油，窘迫至极。但他非常有赚钱的才能，经常能发现商机从而大赚一笔。

可是没过多久钱就"消失"了，不是全部花完了就是都赔掉了，就这样他又回到原点，一无所有。然后再次寻找商机赚一笔，结果又回到原点，就这样反复了好几次。

如此状况让他困惑不已，后来他对此进行"复盘"，仔细琢磨这究竟是为什么。后来他终于发现，他和钱的这个"拥有——失去——拥有——失去"模式反复上演的原因，是感染了他父亲在他小的时候一直上演的情景。

他的父亲是个房地产开发商，每次做完项目以后就有大把钱，他要什么父亲都会买给他，父亲对待他比较宽容和大方。

但是好景不长，父亲有了新的项目，要投入很多钱，甚至还要借债。这时的父亲就变得很拮据而且易怒，他要什么玩具都不会给他，他还会遭受严厉的批评和训斥。慢慢地，他潜意识里觉得钱就是这样：来了走，走了再来。

所以你看，童年的我们是如此容易被植入一些模式，而且完全不知不觉地去感染那个场景，使其成为自己生活的一种表现方式。读到这里，聪明的父母就知道了，千万不要在小孩子面前说："赚钱很难、很辛苦。"

父母以为这样可以让孩子珍惜钱，其实只是给他植入了"阻碍"。他会觉得赚钱是件痛苦的事，很难。当你把赚钱和"痛苦艰难"联系在一起，还能赚到钱吗？就算眼看要赚到了，自己也会不自觉地找点事出来阻挠一番。

比如说平时工作特别认真高效的人，居然会发生在签约的时候忘记带合同的事情。为什么？ 因为他潜意识里觉得：怎么会这么快就签约呢？哪里有这么容易？

然后自己就下意识地生出了事端来阻挠自己，让这件事变难，之后自己又力挽狂澜挽回局面。最终经过"艰难险阻"完成工作，他的潜意识给他制造出困难，使得现实符合所想。

因此，开始清理吧，就现在！

无论是"好观念"是"坏观念"，从现在开始清理自己对钱的所有认知。

因为我们的认知是如此有限，很多事情从 A 角度看觉得好，从 B 角度来看却觉得坏，所以固执地要把某件事评判出好和坏，本来就是一种设限。

每件事情都有前因后果，但是没有人可以找到所有的"因"，因此不要去评判，全部清理。只有清理才能让你焕然一新，你"新"了，你的世界才会焕然一新。

很多人一辈子都在走一条路，却总是在渴望到达新的地点，渴望着奇迹的发生，渴望发生一点与以前不同的事，这怎么可能呢？你不改变，一切都不会变。你是一切的源头，也是一切的原因。

（二）态度重建

清理之后的态度重建。

当你清理了对疾病、金钱等很多事物的记忆、认识、反应，接下来该如何重新开始？如果不采取正确的态度去对待，由于惯性的作用，你还是会回到老路。

其实通过"清理"这个练习，我们可以不断地刷新自己，也就是说重启自我，让一切可以重新来过。

当你不断地练习清理，你会逐渐体会到，那些在你大脑里和身体内积聚的东西，都是"外来之物"，那些东西不是你，你只是一个看待这些东西的"旁观者"。就像一台电脑，很多软件都是后面装上去的，你可以卸载，再添加新的应用程序。

但是，如果你认为这些程序是"丢不掉"的，那你就必定永远受它们的限制，而这种自限只是因为你自己不知道或者不相信，这些程序是可以清除的。

其实，你只需要转变自己的认识。从此刻开始，就现在，你可以清除那些陈旧的、束缚你的程序，然后装入新的程序。发现了吗？电脑和程序就像你和你的模式，是截然不同的两种事物，你可以选择更高级、更先进、更快乐的模式（程序）。

你看到的、感觉到的、听到的，一切都不等于你。你就像是个感应器、过滤器，这些东西经过你之后，会留下还是会消失取决于你自己。所以，让自己成为透明的过滤器，永远清澈透明，不要让任何固定的模式束缚你。

你让所有的"外物"经过就可以了。你静静地看着那些东西经过，你是一个见证者。有人可能会说："说得太轻松了吧？是人都会遇到让人痛苦的事啊，那怎么办呢？"

每个人都会痛苦、苦恼，但这些"苦"就是我们成长的机会。当难过的事情发生时，你当然会悲伤、气愤、失落，这是人之常情，人都有七情六欲。但是你可以选择不长时间沉浸其中，你可以跳出来，作为真正的"旁观者"去看待这些情绪。

痛苦的感受尤其会激发人的自我保护欲望，这是人从最开始的原始生活中进化来的"安全"需求。安全需求是生理需求之后最重要的需求，所以人类天生会躲避痛苦。

人类为了避免痛苦，会尝试假装看不见，比如自我欺骗；会从外界寻求庇护，比如找寻一个可以给自己安全感的伴侣；或者有永远都长不大的心态，总是想依靠自己的父母。

可是父母终有一天会离去，伴侣也可能会离开你，向外界寻求安全感，不是根本的解决办法。问题还是要从核心上解决。怎么解决？根源在自己。

面对自己，承认自己的害怕，不要躲藏，躲起来会使问题积聚，问题会随着时间的推移而酝酿，而不是消失。

所以正确的做法是即刻放手，让它离去。无论是什么情绪，都这样处理就对了。

综合来说就是：平静＋接受。

用平静的心态全然地接受所有走到自己面前的事物，没有评判，不去计算结果会怎样，在你没有戴有色眼镜去观看的情况下，发挥自己的天赋，活出自己的样子。

事物的"好"和"坏"只是你的评判而已，你的评判是你自己生产出来的。但其实你不需要去生产这种东西，尤其当它是负面的时候。

需要特别说明一下，全然接受一切安排，不是说什么都不做就等着事情找上门来。而是说，要以一种开放的、放松的心态面对所有的人和事。

对于在做的事情，要全身心投入去做好。在这个过程中，你遇到的人、意外任务、突发情况，全然接受，去面对、去尝试、去经历。

这些东西都是生命安排给你的，你去接受、去面对，就是顺其自然。

如果你总是想把一切都控制在手中，就会很痛苦。要知道控制正是痛苦的源泉，没有人能控制生命，没有人能预知未来。

记得有一次，我和一个从外地赶来、多年未见的老朋友吃中饭，她问我她该做什么工作才有意义还能赚钱？以此为出发点，我们聊了很多。聊着聊着，我自己也清晰了起来。

最后的结果就是：人活着真的不能太"计算"，尤其是在大方向上。

做什么工作，又好玩、又有意义、又挣得多？说实话，这个根本就不是人脑可以计算的。或者说，你的算法太落后，你的算速太缓慢。这个世界的变化分秒不停，没有人能一下子看到结果。以你那点儿固有的、浅显的智慧算来算去，得到的结果一定极其有限。

什么是活得有意义？毕淑敏老师曾经说过："人生本无意义，意义是自己活出来的。"我挺赞同的，每个人对意义的定义都不相同。

大方向上，随心而活，不计算，喜欢干什么就干什么，无需担心也不用患得患失。就做你喜欢做的事情，你不但会有饭吃，还会吃得很好，极大概率比你做计算后选择的工作活得更快乐、拥有更多收入。

如果不知道自己喜欢什么，该怎么办？很简单，学着爱上自己正在做的事，投入地去做，慢慢地你会发现里面也蕴含着你喜欢的东西，自然也就会发现你自己所爱的是什么，然后你还会发现你已经拥有能力去选择！

所以，过滤器的计算法则就是：无算胜有算。

事例一：美国著名乐器商

美国著名的吉他制造商、帕森斯吉他的创始人——兰迪·帕森斯，高中的时候就是弹吉他的高手，比其他同龄人的水平要高得多。他的同学们都说他以后会成为摇滚明星，但是他心里很清楚，虽然自己对音乐充满热情，可是自己并没有成为摇滚吉他手的天分。

从学校毕业后，他卖掉了吉他，成了一名职业军人。后来在执法机关工作，完全放下了吉他。工作顺利，前景可期。但是他内心深处，总感觉少了什么东西。

他说："那种感觉就像是娶错了老婆，但仍然决定要这样过一辈子。我努力把这种感觉藏起来，但是始终有一个东西在呼唤我，我明白自己没有找到该做的事。后来，有一天我洗澡的时候，我未来的人生在我眼前一闪而过。我看见自己成为一名出色的吉他工艺师，帮我的偶像制作吉他。我激动到浑身发抖，立刻擦干身体，开车到五金行买工具。"

就这样他开始研究如何制作吉他，钻研了两年，虽然没有做出一把完整的吉他，但是他知道自己已经可以在乐器行里开一个吉他修复工作室了。于是他辞职了，全身心投入创业中。

他始终坚信弗朗明哥吉他才是最纯粹的吉他制作形式，于是为了让自己进入状态，他开始吃大量的墨西哥食物，并开始学习西班牙语。他找了一位大学教授教他西班牙语，当教授问他为什么学习西班牙语时，他把理由告诉了他。

没想到，这位教授认识传奇吉他制作工艺师——波亚兹，这位正是兰迪心目中的流浪吉卜赛摇滚明星吉他工艺师。教授告诉他这位师傅刚好在塔科马，正准备开始制作一系列"没有人知道该怎么做"的特殊吉他。

这让兰迪激动坏了，他立刻跑去拜师学艺。后来他和这位大师学习了一年，学习之余还经营自己的吉他修复工作室。当他知道连锁店"吉他中心"要在西雅图开分店时，他看到了自己拓展业务的机会。

吉他中心分店的旁边刚好有一个仓库，他说服了吉他中心，把这个仓库的部分进行了改装，然后开业了。后来第一个购买兰迪生产的吉他的摇滚巨星是吉他手——杰克怀特。这之后很多乐手都打电话订购他的吉他。

从此兰迪的生意步入正轨，后来帕森斯不但成为美国，还成为国际上享有盛誉的吉他制造商。

别想那么多，路都是一步一步走出来的，最重要的是开始去做。不做只想，什么都不会发生。

事例二：普通人的人生

我的前同事，一个英语专业毕业的男生，最开始找工作，只是看哪个职位需要用英语，大脑里并没有强烈地规定自己必须做哪一行。他进了一家国际物流公司当实习生，因为安排国际运输需要每天和国外的人沟通，刚好可以使用英语。

后来，他从应届毕业生做到公司股东。他不算聪明，反应比较慢，但是他有大智慧，就是认真。当时作为应届生进公司，他没有任何业务基础，被他部门领导骂了几个月。他硬是咬着牙，天天向各个部门的老同事请教、记笔记、看专业书、网络查资料，每天晚上都是最后才走，周六主动加班。

开始，领导分配给他的区域，没现成客户，需要自己在网上寻找客户。他依旧坚持每天最早到，最晚走，全身心地去工作。慢慢地，他逐渐有了业务量，并赶上了2008年的大好时机，赚了不少钱（提成），自己也成了顶尖销售员。接着，他晋升为航线经理，然后原部门领导辞职，他被提升为部门经理。

因为他工作中接触的客户，都是做进出口生意的，偶尔会有一两个客户让他帮忙找国外的食品货源，他总是热情帮忙。就这样，他逐渐开辟出了新的业务——食品进口。

当食品进口生意发展初具规模时，老板成立了食品进口的子公司，他成为子公司的一把手，并享有股份。

你说，这是不是一步步做出来的？当你全身心地做一件事的时候，这个过程本身就是充满惊喜的，它会让你遇到新情况、新的人、新的事，这些就是新的机会。

记得上大学的时候，有些同学觉得现在学什么专业，以后就要做什么工作，不能换，也换不了。

我说："我从来没觉得我要做电子啊（我当时的专业是电子信息工程），和电子相关的都可以做啊，即使是不相关的，也可以。"

他们觉得我这样的言论不可思议，说："你都没学别的，怎么可能做别的呢？"

那个时候的我，就觉得，人生怎么可能是现在就能完全确定的呢？谁知道未来会发生什么？一路上遇到什么人、什么事，自己会去什么样的新环境、学到什么新事物……都是未知的，所以我们不应该认为自己可以预知一切。

毕竟人生不是提前式的预定菜单，而是一场丰富的满汉全席。

当我不再"算"（思考、判断、预计）我会不会得感冒，我学会了淡然对待感冒，不再恐惧。我不再"算"做一份工作会不会赚钱，能赚多少。然后我发现，当我对待事物越平静，就越能体会到富足和快乐。

这个态度和生命的很多事都息息相关，举几个非常生活化的例子，比如我以前经常被睡眠和排便这两方面的问题困扰，后来我发现，是我太在乎了，总是去想。

当你太在乎一件事，你就会下意识地惦记它们。这种惦记就是理性（大脑外层）在作用，但其实这是一种干涉，一种完完全全的无用功。

为什么？睡眠、排便都属于人体的本能，是大脑最里层负责的功能，属于动物性的本能。不需要你用大脑的最外层来操心，它本来就可以正常运转。你非要操心，那就是越层处理问题，扰乱了机体本来的运作。

除了个别人是真的机体有问题，暂时不能顺利解决，大多数的失眠和便秘都是因为自己"加戏"了。有些人会为自己的睡眠和排便，规定一个时间。如果在那个时间，没有睡着或者没有排出，就会心情低落，然后觉得诸事不顺，搞得其他事情都做不好。

想控制的欲望，是痛苦的源泉。

想要解决这个问题，只要"不把它当回事儿"就好了。什么时候有感觉了，就去卫生间。困了的时候，就躺下睡觉，如果正在上班就挺着，晚上回去早睡。

不要总是被已经过去和未来的事牵绕，比如"我昨晚没睡好，怎么办啊，好困啊""一会儿午觉要是睡不着怎么办啊，下午该没力气了"，这些全部都不是活在当下。不好好活在当下，总是思前想后，会让自己疲惫不堪。

人世间的很多事情，都是这样，你太把它当回事了，它就真的是个事儿；你不把它当回事儿，它就不是个事儿。"事儿"可以换作"问题""困难"。其实每个问题和困难都是你成长的机会，人生就是个打怪和过关的过程，遇到什么就去解决什么，不会的就去学习和想办法。慢慢地，你的能力就会强起来，人的价值也就提升了。

（三）补充营养

第一步是清理，第二步是清理之后摆出正确的态度，第三步就是给清空的大脑补充营养。什么是大脑需要的营养？就是各种正确的概念和规律。例如，物理学的惯性和加速度、统计学的概率、数学的等差数列和复利、心理学的投射等。

怎么补充呢？有三个途径：

1. 看书

相信你一定听过这句话：成功的人都是喜欢阅读的人。

首先，什么是成功？成功并不是指有钱有名。我认为，成功就是在某个方面有特别的认识和贡献。我对成功的定义，就是拥有不被外界的评价所左右的幸福感。

看书可以让你吸收别人的经验、领略没见过的风景、学习新的思维，读书可以让你足不出户行万里。

你看书就能知道国际顶级理财大师的致富理念、领略托斯卡纳绝美的田园生活方式、了解闻名世界的作家是怎么写作的。书中自有黄金屋，书中自有颜如玉，真是再真切不过的说法。

看书是可以看出巨大价值的。你要做的就是通过海量的阅读来构建自己的"认知系统"和"操作系统"。

看书不要有特别的范围限制，可以从自己喜欢的主题看起。但是一定要够大，范围不要太窄。范围过窄会让你的认知圈变小，从而对很多东西只知其然不知其所以然。

所以我们的阅读范围要大一些，这样才可以发现很多东西的核心原理，对知识的融会贯通非常有用，也能让我们明白很多社会现象的根本原因。

我们毕竟是生活在人类社会里的生物体，如果你对社会的一些运作毫不了解，是会和社会严重脱节的，这个脱节就会很大程度地影响自己和家人的生活。我认为必须涉猎的书籍类型有：心理学、传记类、理财学、经济学、城市化书籍。

有的人说："我看书很多，但是看完后都不记得了，努力回想也没用。"

我以前也有过这个感受，这个状况就是因为你看完书以后，大脑里全部是杂乱的东西，没有进行任何整理，就好像读完的书全部堆在书桌上，没有分门别类地放进书柜相应的地方。

看完的书，要加工吸收然后"放"入自己的"书柜"，这个过程叫作知识管理。

这里我总结和概括下自己学习和磨合出来的方法：

首先要把书归类放好，不同种类的书全部分格子放好。

对觉得收获大的书，制作思维导图，把所有的思维导图放到一个文件夹里。

观察和思考，各本书之间有没有相通的理论，或者"大前提"。

把觉得很棒的理论逐一用在生活中，亲身去实践体会，并且总结。

有一个非常有用的办法就是自己写书。通过把理论运用到生活中，观察过程、调整路径并且记录整个过程以及感悟。

当你开始写书的时候，就等于开始整理自己的思维了。而且手指是第二个大脑，一边打字大脑会一边自动跟着梳理起来。你会发现原来很多模糊的地方慢慢变得清晰，一些理论会联通起来。

这样其实就是一个"连点成网"的过程，你能一下子记住很多本书的核心理论，而不是一本本孤立的书。写书的过程，是一个真正把新的理论内化为自己能力的过程。

2. 向优秀的人学习

记得有一次我用滴滴软件拼车外出，车上的另外一个乘客得知我是去听讲座的，略有不屑地说："我从来不会去听讲座，我只信自己。"

我笑了笑什么也没说，心里在想：这世间很多人都是自以为聪明，他们思想的防御性很强，不相信任何人，只相信自己，觉得去听别人讲课就是被洗脑。

到头来，他们一辈子活在自己的模式和世界里，从没走出过那个圈，实际上知之甚少，却以为自己无所不知，然后还觉得自己特别厉害，从来没有被人"骗过"。

我喜欢向别人学习，听听他们怎么说，看看他们的思路是什么样的，尤其是那些比我厉害的人，如果我能听到他们的思想，难道不应该偷着乐吗？要知道有价值的思想是无价的，很多人想听还不一定有机会听得到！

花钱买好的经验和思想，是非常划算的买卖！从这个意义上讲，一本好书真的太便宜了，没有比看书更划算的事了。一本书贵点儿也就几十块钱，最多上百元，还可以不限次数地来回翻看。

"听"是第一步骤，接下来第二步骤是：辩证地去吸收。哪些东西有道理，逻辑是什么，哪些可以应用到生活工作中……这些都需要结合自己的情况进行分析，加工后填充到自己的"书柜"中，成为自己思维的一部分。

如果你什么书都不看，在线课程、线下讲座都不听，你如何提升自己的思维？

巧妇难为无米之炊，世界上有哪个人可以什么都不学就创造出东西？没有。

3. 向生活学习

还有一个现成的学习资料就是生活。在生活中，做一个"有心人"，日本著名的企业管理大师大前研一说过："对世间万物都保持关注，观察熙熙攘攘的人群和川流不息的车辆，或者亲近大自然，融入山水之中。将这一切用自己的眼睛记录下来，用自己的头脑去思考，并且将两者结合起来。建立起这种思维方式就是我们学习的目的。"

每天复盘自己的生活。自己做了些什么，哪些事有可归纳和总结的地方？接触了什么人，看到了什么，有什么事件给了自己什么样的启示？哪怕只是平淡的感受也好，记录一下也很有意思。

我自己现在几乎每天都在微博记录当天的一些见闻或者感受，翻看的时候能提醒自己，而且写书的时候也是材料来源之一。

时间每分每秒都在流逝，日复一日，虽然看似平淡，但其实里面蕴含了很多的宝物。每天的日子不要浑浑噩噩、毫无意识地过。要做一个有觉知的人。什么是有觉知？

（1）对自己所在的行业发展历史有认知，对行业未来的路径有预判。

比如对关键的政策趋势和变化即便做不到"提前知道即将发生"，也绝对不能做"还不知道已经发生"的人。

（2）对周边的变化有感知。预言家虽然不好当，但是坚决不能做温水青蛙。

如果你对周围发生的一切都不敏感，待到"变化"来临，你就会像热锅上的蚂蚁完全没了方向。

（3）对自己的生活方式有所觉知。每天 24 小时你要如何分配？你做什么的时间最长，有没有全身心投入？哪项工作的投入产出比最高？要知道时间是你最宝贵的财富，没有之一。你所有的产出，实际上都来自时间。

坐车的时候、晚上睡觉前都可以再把自己已经过去的这一天，在大脑里过一下，将其中觉得有收获的地方记录下来。分类记录，例如工作安排方面、人际关系方面，然后时常翻看，可以提醒自己刻意去规避错误（旧有的思维习惯），逐渐形成新的操作习惯。

建立属于自己的一套"原则"。

我的工作原则之一：所有的生产物料要全部找到实样贴在生产安排单上，绝不能是单纯的语言描述。

原则之二：安排大货生产之前必须有样品参看。最好是实物，其次是照片。

生活中我在练习一个原则：总是提醒自己以欣赏的眼光看自己以及老公和儿子。

当你戴上有色眼镜，你看到的世界就会改变。当你的看法改变时，你的行动就会改变，所以结果自然也跟着变化了。换个角度看别人，你和他相处的感觉也会完全改变。

4. 学会让大脑休息

即便学习了很多知识，大脑依然有一个必不可少的工作，那就是休息。请让思维休息，而且要经常休息。

你会感觉到，自己的大脑总是在不停地冒出各种语言和场景，有的时候莫名其妙，有的时候还能吓到你。这就是思维的运作方式，它总是来回乱窜。

现代社会的生活节奏非常快，而且我们所处的大环境决定了我们总是要你追我赶，很多人都有焦虑的症状。因为我们天天都能知道别人又做了什么，又赚了多少钱，又开创了什么新事业。

当我们拿自己与别人进行比较时，自己难免会着急，于是，我们把自己的时间安排得满满的，没有任何空闲。

但是，清晰的生活，需要让思维经常性地休息。

5. 从大环境里借力

谈到环境，有人会说："西方国家的生活条件多好啊，福利好还悠闲。"

其实我想说，应该被羡慕的是你。为什么？他们已经是发达国家，早就度过了那个高速增长的时期，社会定型了，阶层固化了，没有什么大的机会留给年轻人。

年轻人只能照着父辈的路走，几乎一切都已经看得到尽头。虽然生活无忧，但是缺少了奋斗的激情，也不可能有什么奇迹发生。这也是发达国家的青年看起来没有中国青年那么上进的原因。

我曾经在微博上读过一个香港猎头的话："内地的年轻人来到香港读书和工作，他们知道学习，有很强的目标感；而香港人就比较懒散，目光没有那么长远。香港的年轻人只是在找一份工作，谋一份差；内地的年轻人是在找一种生活，谋划一个未来。"

我们生长在这个时期的中国，其实很幸运。因为国家还未发达，所以增量还很大，机会有很多，任何人都有可能创造自己的奇迹，这也是在中国总能看到新东西的原因。

更何况，我们国家已经从曾经的一穷二白、极其落后，成为很多方面都在国际上领先的大国。大国正在崛起，中国的未来可能会是很多人无法想象的。

有人说中国阶层固化，我不同意。巨浪和增量都还很多，在这个大前提下，只要你保持一颗开放和不断学习的心，踏上这个大浪，乘风而行的可能性就非常大。

（四）完成闭环

清理→修正态度→补充营养→再回到清理。

为何要再回到清理？再清理的话你补充的营养不就白费了吗？其实并不会。清理是份持续性的工作，我们一直都要清空自己。为什么？

当你清空了自己以后，拥有了全新的心境，掌握了新的技能以后，你获得了一个新的路径，到达了一个新的地点。也可以换个说法，就是你工作中取得了巨大成绩，证明你用的方法是对的。

但是注意了，这不代表这个方法会一直正确，可以无限次使用。时代在变化，时间在流逝，表面上看似同样的事情，待走到时间轴上的另外一个点的时候，解决的办法就变了。这也是我们要永远保持开放的心、永远不断学习的原因。

没有什么办法能一直通行几十年，时间、地点、人物，这三个核心都变了，你的故事情节怎么能不变？

什么是时间就不解释了。地点呢？以前是线下，现在是线上；以前是电脑，现在是手机；以前是美国，现在是中国；所有商业涉及的地点都变了，你怎么可能不接受这样的变化，还固执地站在老地方，用着老方法呢？

那什么又是人物？现在的人多了一个器官——手机，就这一个原因，世界就大变。你说要不要清理，要不要装新程序？

其实清理——修正——补充——再清理，这个过程就像是人体自我更新的过程，我们每天都要排泄——吃饭——再排泄——再吃饭……无限循环这个过程，人才能活下去。

排泄不意味着饭白吃了，你吃进去的东西已经转换成了自己的能量。

你总是要不断地填充新的食物给自己，你也总是要清理自己的身体。整个过程缺一不可，相辅相成，形成良性循环。

第二节 宝藏二——身体

说完了大脑，再来说说身体。身体是我们另外一个巨大的宝藏。科学上说身体是指从头到脚承载着我们思维和灵魂的躯干。

这里，我想说的也是这个层面的含义，尤其想提醒大家，长久以来，太多人忽略了身体的感受。身体作为一个综合承载者，被关注的太少了。

其实我们一切的思维、精气神都建立在身体上，但是人们却经常对它给出的"提示"视若无睹。

我们应该多重视身体向我们发出的讯号，例如，感到眼睛疼的时候，就闭目养神休息，放下书本或者手机。感到身体无力就躺下睡，不要让它超负荷运转。感到吃多了，就起身走动走动，不懒惰拖延。

（一）如何觉察

觉：感受身体发出的信息，去感觉、去重视。

察：观察自己的思维反应，接收信息后第一步反应，第二步……为什么会有这样的链条？

思维上，是去"思考自己的思考过程"，重新认识自己的思路。只有思路改变了，行动才能改变；行动改变了，结果才能改变。

身体上，则是对身体发出的信息立刻回应、接受、调整。

如何改变自己——改变自己的行动。

如何改变行动——改变自己的思想。

如何改变思想——思考自己的思考过程。

按顺序理出自己的思考路径，然后换一换顺序、条件，或者换一换自己的假设，哪里要改？哪里要变？经常这样做，会获得惊人的发现。

这些思考，不只要在单线条上进行，在某个节点上，有些时候需要多线条展开，假设条件大多情况下不止一个。多个假设共存和单个假设所导出的结果完全不同。

很多人一辈子都在套用一个模式而浑然不知，每每不如意只会哀叹命运和基因；但同时也有一些人，活了同样的时间却活出了几辈子的成绩和滋味，就是因为掌握了这个核心方法。

（二）看向自己

觉察就是要把关注点放到自己身上，一切问题先从自身出发找原因，而不是盯着外界，抱怨别人或者和别人比较。

其实每个人都喜欢把问题推到别人身上，因为这样做确实会让自己暂时舒服起来，这种舒服的感受也是身体发出的信息。

但是你仔细体会，会感觉到这种舒服中夹杂着深处的不认可自我、逃避自我、担惊受怕，不是一种完全开放和安全踏实的感受，你的身体很清楚你是不是说了谎。

凡事先从自身找原因。举个工作中的例子。

设计经理说："这个翻单产品做错了，因为安排生产的经理没来问我盖子要不要换颜色，结果用了以前的颜色。"

我们来分析一下这到底是谁的错。

瓶盖颜色错了，设计经理为什么不去主动说这次要用什么颜色？如果你是决定颜色的人，你不主动说，却怪生产者不来问你？

生产者只有遇到"认为自己不知道"的事情才会来问你，如果他不知道这个瓶盖颜色要变，怎么会来问你？

决定产品好坏的核心要素有哪些？哪个要素是你可以决定的？不能决定的你有去提建议、坚持反复沟通吗？

同样，以上问题也适用于生产经理。生产经理经历了这个事件以后，可以给自己的工作流程中加入：让产品设计师确认瓶盖的颜色。

虽然瓶盖的颜色是设计经理应传达的内容，但是基于"从自我的角度出发完善工作"的思维，这里可以加入一个提醒。如果这样做了，经理是不是会变得更被人需要和喜欢？

发现错误的时候，不要总是把矛头指向外界，先看看自己做了些什么，还能做些什么。在工作中，抱怨是推卸责任的表现。抱怨是最简单的事儿，谁都会。真正去做就知道"做到"和"知道"之间的距离了。

（三）放下匮乏

觉察，要发现自己的心是在匮乏的土壤中还是在充裕的土壤中。你看到的是"匮乏"还是"充裕"，会直接影响到你的世界。因为思维不同，所以行动不同，结果自然不同。

其实，匮乏是一个人为制造的伪命题。地球虽然资源有限，但是可以保证每个人都有足够的生存环境。

人们从出生那天起，就被周围的环境不断地植入"匮乏"的观念。匮乏，可以驱使人不断奋斗、努力，然后过度消费，从而推动经济的循环，推动社会的发展。

我们被塑造成了"对物质的追求没有边际"的人，生活中，商家也纷纷采取此策略让你掏腰包。你上一次被饥饿消费驱使掏钱是什么时候？

"现在只剩下二楼和你这个楼层了，如果你现在不下订单的话，肯定就没有好楼层了。"

"老板跑路了，东西白菜价，快来抢！错过就没有机会了！"

"还剩下两个名额，现在不交费报名的话，以后肯定不能以这个价格上到这种课程了。"

我们对孩子的学习和前途也深受匮乏思维的影响："你一定要上这个辅导班，把数学学好，要不然将来数学拖累孩子，就考不上好大学，找不到好工作。"（数学可以替换成语文和英语或者任何家长觉得"有用"的科目）

这样的事例不计其数。然而，我们真的"匮乏"吗？把这个前提条件换一下会怎么样？

把匮乏换成充裕，换完之后再观察一下自己现在的生活、已有的物质以及自己的内心和头脑。你有什么感觉？

我们被"匮乏"的观念影响至深，以至于总是看着自己的短处，然后想办法补救，天天和自己斗争，搞得身心俱疲。

补来补去，"短的"没怎么变长，本身"长的"却完全被忽视，甚至慢慢萎缩，完全没有发挥过自己的独特优势，生命几乎都内耗在"补短"上了。

总是盯着自己短板的人，无论拥有多少财富，都永远不会感到幸福。总是想在自己不擅长的事情上大展身手，注定不会获得"成就感"，生活也总是处于混乱之中。

发现自己的充裕，必须放下关于匮乏感的训诫与谎言。

有一句话说得很好："你的贪婪是囚禁你的唯一魔咒。"对"匮乏"的恐惧让我们大张双臂，尽量将一切所及之物揽为己有，并且多多益善。

如果我们不摆脱这种恐惧，就会一直被其囚禁、主宰。

充裕不是指数量上的多少，而是一种心境，一种看世界、看自己的思维角度。以充裕的心境去观看，你才会爱上自己，爱上自己是爱上世界的前提。

（四）换个方向

我们总是渴望从外界获得知识、帮助、财富。总是问：我该去哪里找这些东西，你们可以帮助我吗？

是时候把眼睛换个方向了，把总是盯着外面的目光转向自身，停止向外界索取。把注意力放到自己身上，去发现、感受，看看自己有什么，自己能使用的东西有哪些，自己能给他人提供什么帮助？

仔细看、仔细感受，好好地去发现和使用自己的资源，你才会明白原来自己是如此丰盛、充盈、幸福。

其实我们每个人已经拥有了很多。这些我们已经拥有的东西，可以帮助我们创造出很多新的东西。几乎一切创新都来自对"老物"的再观察、再利用、再变化。

换个心情，别再怨恨自己的不足，改成用欣赏的心情看待自己。要看见自己的"好"，去感受自己做到了的那些事。

如果把自己比喻成一片土地，这片土地上能长出果实吗？答案是肯定的。因为这片土地自带种子，而且不只一粒。你需要做的就是灌溉、滋润这片土地。

怎么滋润？关注和欣赏自己，就是最好的"灌溉"。

欣赏就相当于甘露，有了水，种子自然会发芽。

多看看"自己有些什么"才是至关重要的。我们被输入的模式很多，其中在很大程度上有失偏颇的一个观点就是木桶短板效应。

一个木桶有一个板短，就会影响整个桶盛水的容量，这个观点的核心就是人不能有短板，有的话就得去补高。

目前出了新的"木桶原理"就是长板如果足够长，只要倾斜木桶，理论上，水的容量就会无限增加。

确实，现在这个时代，古老的木桶短板原理不适用了。你不能消耗自己全部的精力去补短，那个效率太低，费了半天的功夫，短的没怎么补长，结果还耽误了自己的长处。智慧的做法是发现自己的长板，然后将其运用到极致，注意是极致。

这样，你一个人的营业额，可能会比肩甚至超越一个普通的小公司，利润率就更不用说了。

其实，很多的中小公司也是这样做起来的，就是老板一个人开始产出，慢慢滚动起来，业务逐渐多到一个人做不完了，只能雇人来做，就这样成立了自己的公司。

所以正确的做法是关注自己的长处，深入挖掘。就像开采石油，要深挖直到出油。为什么这是正确的做法？因为天生我才必有用，你这个材料一定是有用才来到人间的，怎么发掘和使用就看你自己了。

　　在"把自己的长处用到极致"这个方法下，人很快乐，效率很高。人做任何事都是为了快乐地生活，所以发挥自己的长处去做事就快乐了。

　　俗话说："兴趣是最好的老师。"做自己喜欢的、擅长的事，自然会乐在其中又极其高效。

　　效率高是最大的优势，这世间一切问题的终极点就是"时间"，同样的一段时间内，你感受到的是快乐还是苦恼？同样的一段时间内，你创造出的价值是什么？

　　有人说，把兴趣变成工作会很苦恼，因为你要开始接受别人的评判了。我不太赞同。"接受"换成"接收"就比较接近现实。接收善意的信息，然后促进自我进步，恶意的信息就没必要接收。

　　天下的人太多，说什么话的人都有，你都要在乎吗？不可能的。尤其是当你成为一位名人后，更要培养这种"免疫"能力。

人，最宝贵的是生命，生命是什么？本质上就是时间。你每天的时间用来做什么，每分每秒是快乐的还是痛苦的，这些才是最重要的。

停止向外界寻找吧，向外界的寻找也是一种渴望从外界得到答案的心理，但索取是没有尽头的。习惯了索取的人会彻底忘记自己的创造能力，不知道自己本身就是个宝藏，蕴藏着丰富的资源，等待开发。

其实一切答案就在你自己身上，不在外界。要相信自己的才华和天赋也完全可以燃烧，去温暖自己并且照亮他人吧！

（五）看见优势

有人说："我观察了好久，没发现他有什么优点；我想了很久，也没想到我有什么长处。"

如果是这样，那说明你自己本身很可能就是批评型的人，喜欢盯着缺点看，关注力不在"长处"上。建议你每天都记录自己的长处，比如被人夸的地方、自己觉察到的、今日做成功的事。这个对培养积极的心态和转换自己的观察角度非常重要，也可以帮助自己深度认识自我。

而且，正因为有短处才有机会进步，虽然不提倡花全部的精力去补短，但是不可否认，短处就是可以进步的地方。

其实，一种现象会有很多个观察点。换一个角度去阐述，你不是很擅长"挑毛病"吗？那把你的短处列出来看看，缺点很可能就是长处。很多缺点只要换个地方、换个时间，就会转变成优点。

前段时间我接到老师的电话，说我家孩子被留堂了，因为老师已经忍无可忍了。因为我家孩子太喜欢说话，甚至在老师的课堂上插话。老师讲，他跟着讲；老师提问，他不举手直接抢答；老师讲课，他还和同学聊天。

我和老师讲："实在抱歉，这个孩子就是喜欢说话，还喜欢显摆，我好好地跟他谈一下。"

老实说，我平时对他也很不耐烦，因为他经常在我思考、工作的时候，过来给我讲这讲那，我就会把他吼跑。有时候想一个人待着休息一下，他也过来给你讲这讲那，比如他发现了什么，他玩的游戏是怎么样的等等。

后来我一琢磨，他的这个习惯，看似是个缺点，只要引导对了，就是个长处。只要你不去打扰别人，选对时机和场合可以尽情说。你喜欢说，那你就去好好练习说话的艺术。

搞明白如何才能把逻辑表达清楚、如何才能把话讲得生动有趣等等，赛事解说员、主持人、相声表演……不都是可以发展的方向吗？这些职业都和艺术沾边，前途无量。

想到这里我不禁大喜，真是有意思，思维的转换让我瞬间看到了一个新世界。

另外，这件事也让我再次感受到，做父母的过程其实就是成长过程，这个成长甚至会大于你在工作和学习中的成长。做父母是辛苦，也会有烦恼，但是你的收获也是无穷大的。

再举个例子，好莱坞著名电影配乐大师汉斯·季默为很多名震世界的电影配过乐，像《狮子王》《角斗士》《黑暗骑士》等，他是格莱美和奥斯卡的常胜将军。但是我告诉你一个惊人的秘密，他不会看五线谱！

不会看五线谱在任何人看来，都是音乐上致命的短板，拥有这样致命短板的人，为何会成为电影配乐大师？

只能说很多事你我还远远不知道，不要认为自己理解不了的事就是不可能，不要再给自己的头脑设限。他制作音乐用的是"穆格（Moog）音乐合成器"，只要给他一台有作曲软件的电脑，他可以当场把软件里的曲子唱出来。

他从小就会弹钢琴，而且几乎在同一时期开始作曲。不识谱对他来说反而是好事，他因此可以用与众不同的方法来"看"和"学"音乐。他也向老师学习，但是他的老师不是来自音乐界，而是建筑界。

他从建筑大师那里学习模式、形状，他喜欢研究建筑，看那些大师如何把各种元素拼在一起。他看曲子也不是用乐谱呈现，而是看电脑呈现出来的形状。当形状和模式看起来是对的，音乐听起来就会很美妙。

只要发现自己的优势，你也可以成为下一个大师。

（六）开始行动

你不必聪明绝顶，不必是全才，一样可以创造属于自己的世界。电影《E.T.》中，外星人把储物间的杂物，比如雨伞、餐具、台灯、电唱机等收集起来，组装成一个临时通信装置，这样就能和相距几千光年的母星取得联系。

举这个例子不是想说你用家里的杂物也可以创造通信装置，而是想说，人要有这样的思维：用自己拥有的东西，去创造全新的东西。

各种已有的物件如何搭配，才能创造出全新的东西？这就需要思维。无疑，导演史蒂文·斯皮尔伯格和编剧梅丽莎·马西森就有这样的思维，他们懂得如何用"有限"创造"无限"。小小的一个片段，可以看出大师的思维。

大多数人的思维是：我还没准备好、我没有那个才能、等我准备好了就开始……实际上能成事的都是当下开始行动的人，没有任何一件事能百分百按计划提前安排好，一切都是运动中产生的。

如果你只是想，而不去动手写，你永远不会写出一篇文章，更别说一本书；如果你只是想，不去动手画，那就永远不会有一幅画从你的手中诞生……

不做，一切都不会发生。一件事情，一旦做起来，就不难了，而且会越来越容易，不做是最难的。

人的思维只有和行动结合起来才能发生质变，就像一辆自行车，只有两个轮子同时运动才能前进。只想不干，就是空想一场，到头来什么都不会发生。

其实，人的大脑能想出来的东西从线性上看，一般不会超过前两个节点。做一件没做过的事情之前，大多数人都能把第一步想出来，但把第二步想出来的人就少了，如果把第三步都想出来，那就是高手中的高手了。

任何事，都是做一看二的。就像你走一条路，只能边走边看，想要看到路的全貌，只有一个办法，就是在高空中俯瞰。能俯瞰的人，那是超级高手，拥有运筹帷幄、掌握全局的能力。这样的人是诸葛亮，相当罕见。

正所谓，谋事在人，成事在天。我们普通人的制胜法则是：踏踏实实迈步走，边做边想，不去预估结果，不去预判，只要你踏实前进，天公自不会负你。

万事俱备，只欠东风！你欠的东风就是开始行动！

（七）拥有梦想

你怎么"想"，水平也提高不了，你只能去"做"。

如果你真的想做一件事，就会自己创造条件。如果你不想做一件事，就会找到借口。关键是自己到底想明白没有，你要怎样度过自己的生命，你要做成这件事吗？

请记住，你并不是一无所有，你自己本身就是一个宝藏。你只有开启这个宝藏，才能散发出耀眼的光芒。

从现在开始，关注自己会的，使用自己有的。现在你所拥有的能力和物质资料，已经足够你创造新的"作品"。

现在你拥有的能力会带着你披荆斩棘、过关斩将，开启自己的精彩人生。

前进吧，少年！即使你今天已经40岁、50岁、60岁，只要你还有梦想，你依然是少年！

用自己拥有的东西去开始创造，然后在路途上学会该学的。大胆地去做吧，你一定会走出自己的路！

什么是未来？未来是每一个"今天"拼成的。每个人都在生产自己的未来，好好地使用自己的每一天吧。

第三节 宝藏三——情感

我一直有一个强烈的"老感觉"，那就是人类活着有很多的"盲点"，我不是指未知世界这样的大事，而是日常生活中，很多东西我们无法知道。即便是现在这样一个资讯发达的时代，个人能掌握的知识和运用的技能仍然是沧海一粟。

记得我上初中的时候，我问我爸："为什么每个学科都有一个老师，一个老师为什么不能教多个学科？"

他笑着说："一个学科想要学精都很难了，都教的话只能是每个学科笼统地说一说了。"

后来我长大了才慢慢明白，术业有专攻。人类社会的发展只会让分工越来越细，在这样的大环境下，其实你不用担心自己不会的东西多，因为大家都是一样的。反而，你只要在一个方面够专业，就能过得很好。当然如果你能再多一个辅助技能，那更是如虎添翼了。

（一）热情很重要

每个人都有天赋，只是大多数人不相信。

其实你生来就自带天赋和才能，只不过它需要用一个东西点燃，那就是热情。去发现你对什么事有热情吧，那是一把能够打开宝藏之门的钥匙。

热情是人类众多情感中的一种。什么是情感？对外界刺激肯定或者否定的心理反应，如喜欢、愤怒、悲伤、恐惧、爱慕、厌恶等。

什么是情绪？一是人从事某种活动时，产生的兴奋心理状态；二是指不愉快的情感。这个是《现代汉语词典》的解释，提炼下核心定义：情绪属于情感，情绪是指特定的环境或者场合下产生的情感。

热情，就是藏在众多情感中的核武器，是你的另外一个大杀器。了解并运用好它，你可以获得无穷的力量。

如果说你的天赋是柴，那么热情就是火，只有热情才能让柴烧起来，产生热量发出光芒，让柴发生质变。没有火的情况下，柴只是柴，不会发生任何改变。有些柴，别说用来搭建房子，就连做个小板凳都会被嫌弃不够结实。

柴的价值就是"被燃烧"，带给人光明和温暖是它存在的理由。一个人只要对一件事拥有热情，那么一切都不会是问题，就算有问题也会被化解。热情，自然会推动一切事情顺利发展和完成。

如何产生热情？自我激励。

但是只有自我激励这一个条件，热情是不会100%产生的。无论我如何激励自己，我都不可能成为长跑运动员。因为有别的事比长跑更吸引我，更能让我产生成就感。

我们要通过观察和体会找到这样的事，比如写作。对我来说，刚开始写作的时候，经常会犯懒不想写，但是这种犯懒和从心底生出的不喜欢是两回事。

人做任何事都会犯懒，有时候在沙发上想喝杯水，都巴不得有人给自己端过来。所以懒，是人类的天性，这个是要用理性思维克服的。

如果是你实在不知道自己喜欢什么，那至少避开让你"不太喜欢"的事儿，然后从平淡的事情中发现快乐、体验喜悦。兴趣是可以培养的，如果没有现成的，就培养一个。

如果你已经知道自己的兴趣，并且很投入地在进行，那么我想说的是：你真的很幸运、很幸福，你的柴和你的火完美地结合了，它们将跳起明亮又美艳的舞蹈，尽情地期待吧。要知道很多人一辈子都不知道自己到底喜欢什么，他们也没去尝试和培养，了无生趣过了一生。

一个人对一件事有了热情，他的内在就形成了一股强大的力量，这个力量就是"内驱力"。内驱力的作用就是：自己想主动去做那件事，不用别人提醒都会去做，不做就觉得难受。

儿子上小学后，他的音乐老师给我讲了一件事。老师和她的母亲都是钢琴老师，她们俩加起来教授钢琴课的时间超过40年，在这40年中只遇到过一位这样的学生：这位学生资质并不突出，头两三年没有表现出任何优势。但是他和别人有一个不同的地方，就是特别喜欢练习钢琴。

他不用家长督促，暑假里每天都不出去玩儿，天天练习弹奏八九个小时，把家长和老师都吓着了。问他累不累，他答："累啊，手指疼，肩膀也疼，可是不练我心里难受啊。"到了紧张的高中时期，他也依然每天练琴。

最后他被一个香港的音乐教授看中，带去香港深入学习钢琴。这就是内驱力的作用。别人觉得苦，但是对他来说更多的是"甜"，是一种沉浸在满足感中的甜蜜和幸福。

所以无论从职业方向规划上来讲，还是从人生规划来讲，我觉得聪明的做法是，直接开始做自己想做的事儿，而不是用大脑去想我应该做什么事。

直接做自己喜欢做的事儿，就是你的人生捷径，你将在快乐的状态下以最快的速度取得不可想象的成绩。在这路途上遇到的艰难险阻，你都会自动想办法克服，这就是热情的魔力。

有人说我真的不知道自己比较喜欢什么，该怎么办？对于这类人，我告诉你：找不到不要紧，热情是可以做出来的，而且现实生活中，不知道自己喜欢什么的人占比更高。

什么是热爱？热爱就是觉得有趣、有益才会爱，当你在做一件事时，感受到了乐趣或者收获到了利益，才会爱上这件事。

一句总结：正向反馈、自我激励，当你对一件事产生好感后再开始做。不断地正向反馈激励会让你想一直做这件事，并且对这件事产生热烈的向往，简称"热爱"。

所以，不需要担心，不需要一直寻找。你现在正在做什么，就尽全力把它做好，在自己能力范围内做到最好，一定会得到结果。

一旦有结果反馈，你自然会爱上这件事。爱，产生热情。没有爱就去制造结果产生爱。这其实就是一个良性循环，我们可以自我制作这个循环。

（二）如何保持热情

热情就像火，有时候会减弱、消退，这个是自然现象。如何让热情之火一直燃烧下去？有两种方法，一是不断地给自己制造正面反馈，二是远离那些泼冷水的人。

1. 不断地给自己制造正面反馈

人都是需要正向激励的，尝到甜头以后，本能才会推动你再次尝甜，没有人能吃无尽的苦。吃苦是需要理智去督促的，因为理智告诉人：这次吃了苦，下次会有甜。

因此吃苦也是为了未来可以享福，对"福"和"甜"的渴望和喜爱无可厚非，这是人的本能。

所以，从这个意义上来说，对孩子的教育，智慧的做法是让他爱上学习，喜爱产生热情，热情会自动地推他前行。如果你和他说"吃得苦中苦，方为人上人"就很不明智。

把学习和"苦"画等号，是一种极其消极和有害的心理暗示。理智的成人都做不到吃苦十几年，更何况孩子？

所以，你要用的语言是："学习很有意思，去发现其中有趣的东西，去琢磨、去体验、去爱上学习！"

这不是花言巧语，这才是事实。只是大多数成人在小的时候被灌输了"学习等于吃苦"这样的观念，加上我们的教育总是以考试成绩来定高低，所以大多数中国人都觉得学习是"苦"差事。

学习，是去了解自己未知的东西，这本来就是有意思的事情，谁没有好奇心呢？我们的教育产业确实还拥有非常大的发展空间，让学习恢复它本来的模样，是值得研究和实验的工作。

在做事情的时候，要有大的目标和阶段性的目标，才能让热情永不熄灭。

大目标要足够大，大到无论遇到什么阻碍，你都能够看得到它，什么事都阻挡不了它散发出的致命诱惑。阶段性目标要够小，好实现，起码是踮一下脚就能够到的。这样在实际操作过程中，你总能体验到"做到了""做得不错"这种感觉，小目标就是为了让我们得到成就感而设置的。

实现了小目标之后，要奖励自己，比如买个好东西给自己、旅游一次，或者以其他自己喜欢的享受方式来奖励自己。人是需要不断激励的，所谓自信来自找到自己能完成，并且还能做得不错的事。

不断地重复这种小的"成功"，就会给自己形成正向的激励和暗示。人总是喜欢做自己擅长的事，所以不要一下子就想走很远、站很高。抱着这样的心态去做事情，总会感觉够不着，好累、好疲惫，所以也就总是对自己不满意。

读过一个故事：1984年东京马拉松邀请赛上，名不见经传的山田本一获得了冠军，记者采访他，山田先生只说了"凭智慧战胜对手"这一句话。人们对此很不理解，马拉松比赛凭的是体力、耐力，个子不占优势的山田本一是不是在故弄玄虚？

过了两年，山田本一又参加了在米兰举行的国际马拉松邀请赛，他还是一路领先轻松摘取桂冠。记者采访他时，问了同样的问题，性情冷淡、木讷寡言的山田先生还是只回答了同样一句话："凭智慧战胜对手。"

后来退役做了教练的山田在自传中写到，每次比赛前他自己都会先驾着车，沿比赛的线路走一圈，并把沿途醒目的标志记下来。比如第一处是银行，第二处是红房子，第三处是一棵大树……一直记录到终点。

比赛时，他就以百米冲刺的速度跑完第一段，然后信心百倍地向下一个目标冲去。这样，全程四十几公里被他分成若干个小目标轻松地跑完。以前比赛，他总把目标锁定在彩旗飘扬的终点，只跑了十几公里他就全身疲惫，被后面遥远的路程吓倒。

所以，最智慧、最快乐的前进路径就是：把大目标拆解成阶段性的小目标，做一些自己稍微努力就能够看得到成果的事，然后一点一点加高要求重复做，最终达到一个比开始时高很多的层次。

2. 远离那些喜欢泼凉水的人

给火焰泼凉水自然会导致火苗变弱甚至完全熄灭，这是生活常识。稻盛和夫先生提出过一个"不燃型"定义，意思是不燃型的人就像冰一样。火接近冰，就会被吸收掉很多热量，冰要是再给火加点儿水的话，那更是不得了。所以，我们要远离这种人。

日本著名的管理学家、经济评论学家大前研一先生说过，改变自己有三个途径："改变自己的时间分配；改变自己的居住环境；改变自己的相处人群。"

接触的人构成了环境的一部分，所以要择人而处。正所谓，物以类聚人以群分。人是有感情的动物，潜意识里很容易被感染。既然无法避免完全不被感染，那就接近"自燃型"的人，也就是热情、积极向上的人。

每年高考结束的时候，就会有很多类似"学霸宿舍全体考进名牌大学"这样的新闻。一群自燃型的人聚在一起，什么学习难题解决不了？当然，也有那种聚集在一起做坏事的团体，有时候一个人未必敢做，但是几个人一起就起到了互相壮胆的作用。

所以说，人真的特别容易被感染，想要成功，最好选择自燃型的人成为自己的伙伴。

第四节 宝藏四——心灵

听过很多次这句话：做事情要用心而不仅仅是用脑，这样才能看到你想要的结果。到底什么是用心？什么是用脑？他们之间有什么区别？

单纯用脑做事情就是理性分析这件事该不该做，然后思考要怎么做，最后用理性推动自己去做，过程中反复管理自己，直到事情完成。

用心做事情就是不考虑利弊，不在乎得失，真心实意地爱这件事。这种"爱"的情感推动你去做这件事。

这里面就少了一个自己的理性与感性（比如懒惰）较量的过程，做事情成了享受。享受地去做事情的结果，就是事情做得既快又好。

其实从两个方面讲，事情就清楚了，大方向上要用心做事，细节上要用脑做事。就是说你一定要做自己喜欢的事，千万不要为了得到物质方面的东西去做那件事，要"真爱"而不是算计后的选择。

那有人会说："你之前不是写了'做什么就要做好什么'吗？这不是矛盾了吗？"

一点儿都不矛盾。你问问你自己，看看身边的人，有多少人知道自己喜欢做什么？比例一定是少数。不知道自己喜欢做什么的时候，总不可能什么活都不干待着吧？

如果你现在做的事是自己喜欢的，此处就不用多说了。如果你现在做的事，自己内心并没有生出欢喜，那么就要想办法做到自己能做到的最好程度为止。

在这个过程中，可能会产生很多种情况：

（1）你由于逐渐地投入，渐入佳境，开始喜欢上了这件事。

（2）做一件事一般都会关联很多其他的事，你可能会从其他的事中发现了感兴趣的事儿。

（3）你由于逐渐地投入，把这件事情做得很好，别人看在眼里，给你介绍了其他相关的事。你可能在业界树立起自己的口碑，也可能转换到了更能使自己出彩的行业。

（4）你由于逐渐地投入，做好了这件事，更深层次地认识了自己，发现其实自己不必很喜欢一件事，也可以做好。从内心肯定自己，积累了越来越多的可能性。

总之，做好一件事情，不但能给你带来物质的收获和精神的认可，还有很多其他未知的可能性。通过做一件事、一个项目、一个工作来让自己成长，以这种方式来学习，而不是单纯地靠读书来学习，是最好的提升方式。

因为做事的过程中，就伴随着学习、行动、思考、调整等动作。这种提升是一个人综合能力的提升，是输入结合输出的提升，远远不只是单向输入。

不要为了"钱"和"名"去做事。不可否认，人生在世，每个人都或多或少地在乎别人的评价。当这个大环境以钱和名来评判一个人的时候，每个人都会被这种模式所感染。

但是，如果你做事情单纯是为了这两个东西，那么就等于你给自己套了"紧箍咒"，这是一种致命的限制。结果是什么都得不到，或者得到的极其有限。更重要的是，这过程会变得没意思。

活着就是为了体会快乐和幸福，所以每一天以什么心情度过，是个重要的考核标准。

如果说连现在的每一天都过得痛苦无比，还说什么"为了未来"？所以，要每天都快乐地做事。

思维和情感的结合就是灵感贯穿始终，其实就是理性和感性的结合，两者相加不等于一，而是无穷大。用心做事是比只用思维或者情感做事，更深的层次。

"心有多大，舞台就有多大"，当我第一次看到这句话的时候，内心是澎湃的。那个时候我的理解是：你的野心有多大，你就可以成就多大的事，要敢想，敢想才会有奇迹发生。

迄今为止，人类想到的事都实现了。所以梦想实现的第一步是要敢想，不要限制自己的思维。

现在的我，对这句话又有了更深层次的理解。那就是你的心可以包容多少，你就可以承载多少。现实生活中的你，有没有很多看不惯的人、看不惯的事？那是你的心不够大。

你看到的外在世界是你内心的呈现，所有展现在你眼前的景象都是你内心的映射。这句话初读起来不好理解，需要一些时间和经历一些事情才能彻底明白。

就拿事业来说，如果你现在对事业不满意，觉得自己的事业做得不好，那这个现实的状况说明：

可能性1：你内在的心就这么大，你只允许自己生产这样的商品，你就是看不上那种销量更好的产品，你觉得不是你的风格，那样不好。你只能容纳这么多客户，赚取这么多利润。你的"容器"比较小，装不下更多的东西。

可能性2：有人嘴上说想把事业做大一点儿，其实只是理性在告诉他：你应该要做大一些，把销量提升一下。而情感上他觉得那样投入的成本更大，压力更大，他的潜意识里觉得那样很累，所以是排斥的。

可能性3：你内心觉得销量太高、赚钱太多是不光彩的，你想证明你不是为了钱而工作，所以你下意识保持那个低的销量。

不管是哪种情况，你看到的现实清楚地告诉你，你的内心是怎么想的。你必定有你的执着，你对一些事物的坚持让你获得了一些东西同时也失去了一些东西，只是你自己没看到。

总之，你做得不够好，就是因为你的产品不够有吸引力。是什么造成了你的产品不够有吸引力？是你自己。

要么是你的心就这么大，要么是你的思维和情感相矛盾，要么是你内在对一些概念的画像是扭曲的。总之，一切原因来自自己。

心就是一面镜子，将你的内在照到现实。

除了思维和身体，你还有一个非凡的宝藏，那就是心灵。如果说人拥有的宝藏是思维、身体、情感，这些都好理解。可是心灵是什么？心灵就是一个人的精气神，心灵就是一个开关。

你还记得小时候那种特别开心、幸福、甘甜的瞬间吗？那种幸福沁人内心的味道，你还记得吗？那就是心灵打开的状态。

长大后这种感觉逐渐变少了，出现的频率远远低于小时候。

小时候，一点儿小事就能让你无比高兴，那是因为小的时候心灵畅通，没有太多外界东西的植入，没有太多情绪和经验的积累，心还没有被堵塞，心门还没"关"上。

长大后，因为心灵关闭了，没有什么事能让你再如沐甘露，享受最简单的幸福和甜美。

随着时间的推移，越来越多的事产生出越来越多的情绪和所谓的"经验"，堆积在你的内心。你没有释放，你排斥面对，你选择逃避，你为了保护自己把心闭合了。

现在还能重新打开吗？当然，是开是关，一切你说了算，你就是那个掌握开关的人。

当你想不通生活中的一些事情时，由这些事产生的情绪就会停留在你的内心，慢慢地就淤积成了问题，它会长时间地留在你的内心。

因为人的本性是趋利避害的，对自己有害的事情，会采取"假装不知道"的方式来麻痹自己，甚至会在内心盖个小屋子把它藏起来，让自己看不到问题，从而感觉舒服一点儿。

但是，逃避只能让事情短暂消失，而不是永远消失。

问题还在那里，而且随着时间的流逝，堆积得越久，酝酿得越厉害。例如，家人的打骂、情侣的背叛、他人的不友好等很多事会让你想起来就不舒服，这就是堵塞。

有人会说："站着说话不腰疼。这些事你说接受就接受？哪有那么容易？"是啊，遇到事情谁都会难受，但是难受会持续多久呢？如果让难受持续占据自己的内心，你就要带着这份痛苦前行。

其实我们都只是体验者，你的内心并不等同你。你可以释放掉这些痛苦。

接受的意思是不躲避、不欺骗自己。

播种的人一定会收获他的庄稼，无论是好庄稼还是坏庄稼。不是不报时候未到，这千真万确。

人生中有很多意外，不放下这些意外带来的"气"和"痛"，你将无法走完自己该走的路。从这个意义上来说，心有多大，命有多长，所以不必把别人的行为放在心上。

当然该做的事情必须做，你要发声，要做该做的事情，直面一些恶行。你不要躲避、不要逃跑，不要痛苦地过每一分钟。

你的时间是极其有限的，每一分钟都值得支付给快乐。就算浪费也要浪费在美好的事物上。

现实生活中，我们常常因为别人而产生一些烦恼。

"她怎么对我这个态度，是不是我做错了什么？"

"她居然当面说我英语很差。她好到哪里去，还敢嘲笑我？"

当你妄图让自己看上去毫无瑕疵的时候，就意味着你要把关注点放在很多琐碎而没有价值的事物上。

你好像浑身长满刺，处处在提防。但其实谁会那么细致地关注你、在乎你？当你想保护自己所谓的完美形象时，你会觉得处处局促，时时心累。

著名作家严歌苓说："我发现一个人在放弃给别人留下好印象的负担之后，心里会变得踏实。一个人不必再讨人欢喜，就可以像我此刻这样，停止受累。"

以前的人们哪里有心思去关注这些？光是操心能不能吃饱饭、有没有地方住、有没有衣服穿这些"大事"就够忙活了。世界的发展，让我们在物质上拥有的越来越多，心灵却越收越窄。

我们逐渐不再需要考虑温饱，考虑人生意义，而是一门心思想保护自己不受到任何一点儿否定（所谓的伤害）。

可是，你越是想保护自己，想让自己呈现出完美，你的习惯和性格就会一成不变，停滞不前。因为你容不得别人说一点儿"不"，也容不得一点儿看上去与你观点不同的人和物。

当你开始保护自己的时候，就意味着你开始维护自己"已有"的东西，你的边界被自己划定了，但是你却不自知。

这时的你早已看不到边界以外，更别说远方了，你的见识被锁住了，你其实成了一个井底之蛙。

反之，当你没有什么需要保护的时候，你就是自由的，你可以自由自在地生活，你可以坦然地接受和经历一切新鲜的事情。那怎么改变自己这种状态呢？从"心头一紧"开始。

当你听到谁说了什么，通常会立刻感到心头一紧。这个时刻就是你的保护机制要起作用了，你觉察到了。

以前的你会立刻防御，先是反驳，然后争论，如果最后这些都不能让对方屈服，你会选择不屑一顾。

现在，是时候改变了，每到这个心头一紧的时刻就是你要成长的时刻。告诉自己：立刻换个应对的方法——放松、闭嘴、不反驳。

心情是自己创造的，不是谁给的。什么是心情，就是心的情绪。

你是心情的主人，如果你觉得一件事难，那么它就是难，如果你觉得不难，那么它就不难。

如果你觉得一个人烦，那么他就是烦。如果你觉得他不烦，他就不烦。

如果别人的一句话都能让你难受，感到受伤，甚至歇斯底里，那你就是那个人的奴隶，任何人都可以成为你的主人。换句话说，你是生活的奴隶。

其实人类从很小的时候就开始封闭自己的内心，每个人都会采取各种措施保护自己。

儿时"自我领地""自己的玩具"等很多抵御和反抗的意识，都是从远古时期带来的动物特征。这是一种自我防护的本能，是人类对"安全感"的追求。

人，说到底是一种动物，虽然人是动物界里最高级的，但是人类依旧有"动物性"，比如吃、喝、拉、撒、睡、性。如果一个人，控制不了自己的动物性，那真的就是人类中比较低劣的那一拨。

杰出的人都有个显著的特点，就是自我控制力极好。也可以换个说法：很理性。但凡随着自己性子生活的人，极少获得什么成绩，更别说成就，就算有，也是极其短暂的。

我经常从网络上看到很多社会事件，比如性侵、为了得到钱财置人于死地等，这些让人感到肮脏的事情，全部都是"动物性"盖过"人性"的时刻产生的。

作为人，我们必须时刻用理性管理自己，否则那和动物有什么区别？这世上，没有完全不受约束的自由，任何自由都需要一个边界。

如果没有边界，那么就不会有真正的自由。当他拥有了自己想有的自由之后就自律了。

理性，让人获得精彩人生。

前段时间，我看过一个真人采访。

一个潮汕家庭，有 6 个小孩，主人公是最小的孩子。青春期时，他比较叛逆，打游戏，泡网吧，有时还逃课。

初三那年他的爸妈去佛山做生意，当时姐姐哥哥都已经成家或者去打工了，爸妈一出去，剩下他一个人在家里。上学作息、生活起居、洗衣做饭，从此都要靠他自己。

他觉得自己不能再那样浑浑噩噩下去了，否则以后也就那样子了，然后开始认真学习，慢慢地养成了一些好习惯。

他说："学习压力大，我就通过运动来减压，别人打篮球，我喜欢跑步和打羽毛球；我还认识了一帮好朋友，至今都有联系。后来考上大学，我也离开了家。从初三到高三，关键的四年，爸妈出门在外，我学会了自主独立。因为一下子自由了，你反而想得更多了，从此没有人管，你自己就要做出改变。"

对于这个采访，我的评论是：人，你给他相对来看极大的自由，他就会自律了。你总想通过管教让他自律，那他就一直等着你教。

这个片段告诉我们如何做家长——要给孩子自由。

你可以问他："你想做什么，说说看，我看我可以给你什么建议或者如何支持你。"

有些事情家长要给他选择的权利，尽量把命令换成选项，这样可以培养他独立自主的能力。

理性，是自己对自己的控制，我们必须控制自己，也应该控制自己。但是这种控制不能延伸到对他人、对生活上去。

当你想控制别人和生活的时候，其实是内心深处在寻求一种安全感，妄图让生活按自己大脑里所想的那样进行。

但生活不是一场安排，生活也不是你和时间之间的斗争，如果你认为是安排、是斗争的话，那么你的状态就是每一天都紧绷神经，处处敏感，处处不顺。

我们要把生活看成是流水，我是水中的一只舟，随着日子在漂流，漂到哪里，就看哪里的风景。这个比喻，不是说要随波逐流，而是要把"抗争"的生活观念彻底扭转。生命不需要谁去安排，也没有谁能安排得了。

生活中，需要安排和计划。

但是这种安排不同于对生命的安排，总有些人喜欢安排生命，计划好自己的甚至孩子的未来，一旦中途出现了所谓的"岔子"就愤愤不平，难受不已。这就是用脑活的典型，把自己看得太重。

当以这种心态去生活的时候，会觉得事事不如意，无比心累。

村上春树说过，目不转睛地盯着"自己追求的是什么"，并一味地执着下去的话，故事难免会变得沉重。想象一下，"并不追求什么的自己"，而非"自己追求的是什么"。

我觉得这句话真乃大智慧，我也告诉自己，如果成为一名作家，想写什么就写什么，随心而写，别总想着"我应该写些什么"。

同样，别总想计划出所有的细节才开始做事情，比如第一步、第二步、第三步都计划好了才开动，那是诸葛亮们的事情。

你我能做的就是开始行动，二是在一的基础上生成的，三是在二的基础上生成的。总是想一下子就计划好全部的步骤，相当于在给自己设限，未来恐怕成不了大器。

第三章

如何运用你的宝藏

知道了我们所具备的宝藏，那如何运用这些宝藏呢？

首先，请大家思考一下人和钱是什么关系。

我觉得有一句话可以很好地概括钱的特性：你追钱跑，其累无穷；钱追你跑，其乐无穷。

幸福对于人来说，就像是小狗的尾巴和小狗的关系。

小狗如果追着自己的尾巴跑，怎么跑都不可能抓到。其实呢，不用追，不用跑，幸福就在自己的身上。

钱就像幸福一样，不是你去追就能追上抓住的。你做对的事情，钱自然会向你这里聚集。

你和金钱的关系就像是镜子，照出你和外界所有一切人和物的关系。

其次，每个人都有自己的关于物质和精神的"得到论"。你的"得到论"是什么样的？

我们可以先思考几个问题：

(1) 你觉得赚钱是一件苦差事吗？

(2) 你觉得钱多的人都不是好人吗？

(3) 你觉得钱多了人就会变坏吗？

(4) 你觉得赚钱会失去很多其他的东西吗？

如果你对于以上的答案都是肯定的。那么我要恭喜你，你终于找到自己没有钱的原因了。

一切不是已经很明显了吗？

第一节 改变赚钱思维

改变赚钱思维，首先要清空你现在的赚钱思维，因为它们是如此的狭隘和无知，错误的认识导致错误的结果。清空之后，不要忘记装入新的因果关系和假设条件。

赚钱是一件很有意思的事儿。因为你要去观察和学习，研究和实验，这是一场身体力行的体验，就像儿时的游戏一样，趣味无穷。

好人不一定都有钱，但是有钱的人大多数是品行比较好的人。至少是会反省、愿意改变的人。

贫穷不代表人品好，相反，贫穷可能会让人把动物性发挥得淋漓尽致。

人的钱多了以后他怎么变化，在于他自己的思维根基。

如果他的钱来的不是正路，他不具备和钱相伴的能力，早晚会失去。无论是以哪种方式，守住财富是需要能力的。

赚钱并不会失去其他的东西。钱，是一个可以伴随你去做很多事情的物质。比如，钱和家庭是可以并存的。不存在要钱就不要家，要家就不要钱的选择。如果有这样的选择，那是你自己引入的。

所谓家庭和事业的平衡，这个观点本来就是伪命题。这世间没有绝对的平衡，就像没有绝对的自由一样，绝对的平衡是不存在的。不平衡才能产生势能差，有势能差才有动力。

作为天平的两侧，家庭和事业总是会处于上上下下的动态。你给工作的时间多了，给家庭的时间就少了。同样，陪伴家人的时间多了，工作的时间就少了。

每个人一天的时间都是恒定不变的，但同时每个人都有自己要做的事情。

所以好的生活方式就是：和家人在一起的时候全身心地投入，好好享受一家人在一起的快乐。分开的时候各做各事，孩子该上学时上学，该玩耍时玩耍，大人该工作时工作。各自做好自己应做的事。

婚姻不是结婚后就一辈子天天腻在一起，热恋后的夫妻，激情褪去，要怎样度过平淡的每一天呢？

我觉得最重要的是：各自有各自的爱好，互不干扰、和睦相处。在同一个空间里，各自做着自己喜欢的事情就是一种最好的陪伴。

本来每个人就如此不同，你爱看的电影他不一定爱看，他爱吃的东西你不一定喜欢，根本不需要强迫配偶和自己一样。

有共同喜欢的、想做的事情就一起做，没有的时候就各自做自己的，这其实是最好的婚姻。婚姻就是共同分享喜悦，共同承担责任。

如果你想改变，现在开始换一种认识。

钱就像是海绵，和任何事物接触都会配合变形，拥有极大的柔韧度。钱就像水，遇到什么容器就变成什么形状，具有极强的适应性。它可以伴随你去任何地方，做任何事，一切的决定在于你。

所以别说钱是脏东西，钱很无辜。钱是中性的，它没有好与坏的区分，只不过钱有个强大无比的功能——照妖镜。它能照出来使用它的人的真面目。

（一）建立新的循环

为什么有人穷有人富？不考虑出生之前家庭财富积累的问题，单纯说同个时代同年龄段的人，即便起点相近，也会有人成为富人，有人成为穷人。这是为什么？

从表象上看，穷人钱少，富人钱多。穷也好，富也罢，是结果也是表象，当它成为结果的时候又会成为原因，对后续的事情产生影响，这是个循环。

那么如何打破这个循环，建立新的循环呢？核心点到底是什么？先说说穷人怎么看钱。

1. 穷人心中钱的定义是什么

实质上，钱是个工具，它是一个可以让物品产生移动的工具。所以它的本质就是促成流动。钱不是一个古董珍品，它不需要你精心保存才能具有价值，它喜欢附着并且流动。

它需要附着在一个随着岁月的流逝价值不断增加的物品上。它需要流动，在那个流动的管道里，它可以创造更多价值从而聚集更多自己的同类。

穷人没有考虑过这个实质，在他看来，钱就是个物品，因为缺乏这个物品，所以他特别害怕失去，不敢使用钱。

由于把钱当作物品，因此在穷人的思维里，钱最好是存起来，但那只是保存起来而已。"存"这个动作，既没有附着也没有流动，就是一个单线的"存量思维"。

2. 穷人觉得钱是最重要的，其他的东西都要靠后排

钱是"随之而来的东西"，你自己本身要有能让它跟随的东西，它才会来。就算不小心发了横财，如果你不具备与之相匹配的自身价值，钱也会离你而去。

比如有的富二代、富三代，虽然出生就含着金钥匙，可是并没有继承到会赚钱的思维和能力，祖辈、父辈积累的财富很大可能会在他的手里急速陨落。

我们大多数人出身平凡，条件一般，本来就没有钱，怎么办呢？让自己拥有"钱能跟随的东西"——思维和热情。

钱是随着思维和热情而来的东西，当你拥有了正确的思维和执行的热情，你的时间就是最有价值的。

一切事物的终极竞争都是时间，所以让自己的时间具有高含金量，是最核心的解决办法。这是什么意思？就是在单位时间内创造最高的价值！

逻辑链条是：思维＋热情→能力→高含金量的时间→钱→进入循环。

这样，因果关系一下子就清晰了。

我们应该做的事是：利用所有的时间去创造价值，而不是不惜代价花掉时间去省钱。

我以前外出办事的时候舍不得打车，选择去挤公交。因为那时候我的时间不值钱，创造不了什么价值，只能用大量的时间来换取少量的钱。

时间每分每秒都在消逝，这是人类最大的消费。在这场不得不消费的游戏中，你不能让时间白白流走，而要想办法把"消费"和"投资"挂钩。

不要把时间都花费在娱乐上。"工作是干不完的"这句话是用来劝说大家学会放松，学会享受生活。但是同样的"游戏也是玩不完的"，总是玩乐，那就玩物丧志了。

不要让自己的天平太过失衡，想做的事都去试一试，做一做。不要只是娱乐，也不要只是工作。

不过，现在的时代，一些娱乐活动也是能创造价值的，而且价值还很大，那就需要你用思维去创新，并且开始行动。

3.穷人觉得一切先考虑钱，而不是以目标为导向

我读过一个真实的故事。

1942年牙买加的一个小镇上，一个女孩通过了初中升高中的考试，但没有奖学金。

她的父母是一对教师夫妇，他们所有的积蓄也只够交女儿第一年的学费和校服费。

她听到了父母的对话，经过一夜的思考，第二天早上去问父亲，父亲无奈地说："我们已经没有钱了。"

这对于大多数牙买加普通家庭的孩子来说，是不得不面对的结局。但是，女孩儿的妈妈却不甘心，她想办法借到了学费。

于是女孩儿进入了高中读书，然后离开了牙买加去英国读大学。毕业后，她嫁给了一个英国数学家，之后两个人移居加拿大。

后来，他们的儿子成了著名作家，他就是马尔科姆·格拉德威尔，他被《时代周刊》评为2005年全球最具影响力的100位人物之一，主要著作有《异类》《引爆点》等。

通过这件事，我总结出一点：这个女孩的命运之所以会改变，就是因为自己母亲的一个决定。

这件事是典型的蝴蝶效应，一个决定改变了一个人的一生，也改变了一个家族。

女孩的妈妈为何能做出那样的决定？因为她是个以目标为导向的人，而不是"看钱办事"的人。如果只是考虑钱，那么这个女孩是上不了高中的，更不用说到英国去留学了。

现实生活中很多人都是"看钱办事"而不是"我要办什么事，需要什么资源，我去想办法"。

就像有的人买房，首付差一些钱，决定先攒够了钱再买，等攒够了，房价又上了个台阶；有的人则很明确，自己要买房，那么先想办法借钱，哪怕东拼西凑也要把房子买下。

还有人连书都舍不得买。客观地说，书绝对是物超所值的，几十元一本书，哪怕只学到了一个观点，运用到自己的生活中，让改变看得见——这都是不知道值了多少倍的投资。学习，其实是最划算的投资。

钱少不应该是不做一件事情的理由。做不做一件事，只与你的目标有关系。当然，关于买房，这里要澄清一点，如果你的流水连覆盖月供都困难，就不要去凑首付了。

我个人认为买房子，首付和流水，两个条件中只要满足其中一个，就要赶快行动。

4. 穷人大脑里只有消费思维

有的人赚钱不少，但是拜思维所赐，崇尚消费，厌恶积累。合理消费是应该的，人活着就离不开消费。但是，消费应该有所节制，世界上不存在完全不受限制的自由，如果认为可以大手大脚地消费就是有勇气和看得开，那么我要说，这很短视。

如果还拥有通过消费和别人竞争，表现自己"有钱"和"高级"的思维，那更是幼稚可笑了。

因为，人一旦养成了纯消费的观念，就会彻底沦为银行的搬运工，这种人其实最受国家欢迎，任何国家都需要大量的"消费"群众。

没有消费，经济就无法发展，试想如果大家都存钱投资的话，钱在账目上不断累积，没有消耗，只进不出，如何形成循环流动呢？这对经济发展造成了巨大阻碍。

所以，凡是开导你过度消费的言论，不是商家为了赚你的钱，就是有人需要你成为"纯消费者"。

对钱，我们要学会留存和积累。但这里不是说纯粹的存钱，存钱是必须的，以备不时之需。这里想说的是通过积累让钱发生质变，因为钱一旦积累到了一定程度，它就不单纯是钱了，而成了"资本"。

什么是资本？资本是可以拿去投资升值的，你不需要碰这笔钱也可以很好地生活，这种钱才称为"资本"。

有资本的人不需要每天朝九晚五地打卡，因为他不再需要出卖自己的时间，他用资本购买别人的时间。在同样的时间内，他不是只有一个人，而是有很多人在为他创造价值。这样的人能不富有吗？

从这里我们可以看出穷人和富人的区别：

富人，雇佣他人，购买他人的时间，单位时间内有 N 个人在帮他做事情，从而创造了 N 份价值，所以他的财富会越来越多。

穷人，花时间赚钱。用自己的时间换钱，时间就那么多，单位时间内只能做一份事情，所以财富积累相当慢。

我身边就有那种什么事都要自己亲自做，生怕花一分钱的人。他们一方面不知道时间的宝贵，另外一方面也确实因为自己的时间创造不出太高的价值，只能自己做点事情来省掉雇人的钱。

其实这是个意识问题，第一步我们要知道什么是最宝贵的；第二步我们要把这个宝贵的东西打造出价值；第三步，争取走向"购买 N 个人的时间"。

这是一条通往财富的必经之路，所以学会积累形成资本吧。

这里说的积累，不是简单的静态累计，边积累可以边升值，积累可以是一种多重的增长。

举个例子，你在砌砖头，砖头一块叠加一块会越来高，但是你在叠加砖头的过程中，每一块砖头也在自动增高，这种积累就不是静态的砌砖，而是一种双线增长。

你不要只把钱存在银行里，银行的利息低得不得了，在保本的情况下，做一些投资和理财，让每个铜板也实现自己增长。

慢慢形成自己的资本，然后使其不断循环、产生更多价值。这是个有趣又有益的游戏，不只对自己，对他人也一样。

工作是每个人的必经之路，工作可以让人快速地成长，认识自己，认识世界。

所以，能够给别人创造工作机会的人，就是在帮助别人。

正因为你帮助的人多，所以你才会拥有更多的财富，这是一个正比的关系。

从四个方面谈了一下"钱"，概括一下几个核心的要点：

喜欢附着和流动；

喜欢跟随有价值的时间；

有价值的时间需要思维和热情来创造；

做事情以目标为导向，而不是看钱办事；

学会积累，让钱质变成资本。

（二）刷新自我操作系统

做事不能以钱为目标，否则，大多数事情做不成。就像前面提到的，你越想着"我要睡着"你越睡不着。试着让赚钱成为自己的本能。

从另外一个角度分析，如果你只是以"赚钱"为目标去做一件事，那么前期投入的时间长了，你就会坚持不住。看着钱越花越多，账户却没有进账，有多少人可以坚持？

这里，可以细分出两种情况：

1. 持续地投入资金，却看不到盈利

比如刘强东做京东，刚开始亏了好几年的钱，而且都不是小钱。但是最后迎来了盈利，而且是大幅的盈利。这种做法我觉得对初创者，并不合适。

毕竟刘强东是经过了很多历练的人，可以算是企业界

的诸葛亮了。他之所以这么做，是因为他比很多人都提前看到了未来，看懂了未来。

这种诸葛亮般的人才，是那种极少数可以站在高空俯视，看到陆地上的路是什么走向的人。所以他可以稳得住，当无数人质疑的时候，他依旧坚持，也有能力支撑下去。

2.持续地投入时间和经历却挣不到钱

有些事业，是需要你持续投入的。就像那个很多人都知道的例子，你是挑水喝还是挖井？

挑水喝的话，前期你每天都有水喝，但是当你生病或者年老体衰没有力气挑水的时候就糟糕了。

挖井呢，前期看不到水，每天还要付出时间和体力去挖，你也不知道要挖到什么时候才能挖成。但是一旦挖成，你就不用天天下山挑水了。你在自家门口就能找到水喝。

所以我的建议是，在保证自己每天有收入的情况下，利用业余时间挖井，为自己的未来做打算。

很多工作，前期是没有收入的，但是这种积累不是简单的搬砖，你持续去做，每日都有所精进，终有一天会看到质变，迎来机会。就像网上说的："每日捡一粒沙，你终会有自己的撒哈拉。"

关于创业，这里必须要澄清一点，我个人不赞同在事业刚起步的时候就投入全部存款，或者借很多钱创业。

最好的办法是先创造一个小循环。就是以最少的资金启动项目，看看效果，然后调整，创造一个小闭环出来，然后慢慢地把这个循环扩大。

这是一个实验的过程，创业前期不能省略这样一个"试错"的过程。什么实验都不做，空有一腔热情，一股脑地把全部身家投进去，是非常不明智的。

即便你真的热爱，也要有责任感，对自己的生活、家人负责，为了以后可以持续做自己热爱的事，也要做好准备。

学会避免风险是极其必要的，勇气是指你敢不敢开始做这个实验，而不是让你在创业初期就把全部家底投进去。勇气用不对地方，就是鲁莽。

第二节 彻底摆脱懒惰

天性决定了人都是懒惰的。

人的天性就是好逸恶劳。观察生活，你会发现很多证据，很多时候我们懒得多走几步路，甚至懒得起身倒水喝，有了电梯后懒得爬楼梯……

人，只要有了更快捷的选择就一定会放弃原有的选择，这也正是为何有人说："效率是无法撤回的。"

一旦效率得到了提升，人就不会选择之前那种未提升效率的生活方式，这是个铁律。人的懒不只是表现在这些小事上，还表现在很多大事上。

有一次好朋友给我讲，她的一个朋友常年在家带孩子，后来孩子大了她就在家附近的超市找了一份理货的工作，月工资近3000元，工作的主要内容就是整理物品补充货物，不用全天上班，每天只需要工作半天。

最开始给她分配的工作是收银员，她试了一天觉得太累，后来申请转为理货员。三天试用期过后，到了真正要上班的时候，她退却了，还打电话跟我朋友说，她决定不上班了。

为什么她突然决定不上班了呢？答案很简单，就是真正到了要上班的时间，她害怕了，她懒惯了不想每天去上班。

有的人一直在投简历，希望找到一份工作，但是突然接到面试电话却懒得出门，一想：这么远，天气又热（或者很冷），我去了也可能无法通过面试，还是不去了。

这就是 HR 招人难的原因，约了 20 个人来面试，最后到的可能不超过 5 个。其余那 15 个人，有个别的已经找到公司，还有个别是广撒网，其实对你的公司不太感兴趣，但更多的人是因为懒得来。

所以我常说，只要稍微勤快一点儿，就能超过很多人。想有不错的收入，想获得中等偏上的成绩，其实真的不难。

摆脱懒惰，可以尝试以下两种方法：

（一）生成场景

第一种方法就是生成场景。

当人在一个情景中的时候，跳出来是需要一些力气的。比如你在看一个剧，看得很投入的时候会恨不得不上班，只想先看完。

比如你在玩一个游戏，玩得起劲的时候饭都不想吃；比如你在看书，看得入神的时候即便到了睡觉的时间，都停不下来。

任何情景，你投入进去了再出来都会有一种"不情愿"的感觉。这时候，理性强大的人才可以控制自己。

所以说，理性的人容易出成绩，感性的人波动大。那么基于这一原理，我提出一个新的方法，就是"场景依赖"。我们要为自己创造有利于产出价值的场景。

我们每天要做的事情当中有难有易，那一定先做难的。不要让自己先做简单的，那样会沉浸在简单的场景中，更加不想去做相比之下稍微难的事情。

然后每天重复，慢慢形成自己的场景依赖。进入场景然后产生"场景依赖"，这个方法核心控制点在"量"上。

你不能只做半个小时就跳出来，那样产出非常低。

拿写作来说，如果每天只是写几十分钟就抽身是无法进入状态的，需要一定的量才能真正进入"场景"。进入场景才会有更明显的产出，也才会有成就感，这样才能形成正向激励。

就像村上春树说，自己每天无论如何，都会写文章，并且不多不少，只写5页。即便今天才思涌涌，感觉可以不停地写下去，他也会写到5页就收笔，因为要确保明天也能写5页。

所以，无论我们做什么事，都不要今天有状态就做个昏天黑地，明天没状态就潇洒去了。

每天都进入"场景"，保持稳定的产出，我觉得这就是最好的管理理性的办法。

（二）制造稳定的流入

第二种方法就是制造稳定的流入。

记得有一次，我和一个很亲密的朋友聊天，谈起来某人月入 10 万元。我这位密友说："我也可以月入 10 万元，我去年炒股，一个月就赚了 10 万元。"

我说："那你第二个月呢？现在呢？"他苦涩地笑笑没说话。什么叫月入？月入 = 月月都有收入，不是只有一个月获得收入，只有稳定才能证明真实的水平。

你这个月挣 10 万元，下个月颗粒无收。那么也就相当于两个月每月平均挣 5 万元。如果你下两个月都颗粒无收，那就每月平均收入就是 3.3 万元，以此类推。

"不稳定"会稀释你的价值。稳定的流入，说明你有稳定的输出，说明你有能力去支持这个稳定的输出，这个能力就是你的"流入源"。所以一定要培养能让你产生稳定流入的能力，那是你的"井"。

由奢入俭难，由俭入奢易。同样，由闲入勤难，由勤入闲易。所以，不要让自己向下滑落，偶尔的休闲可以，长时间的休闲就是玩物丧志了，人一旦松懈，再勤快起来就很难。

"量"的控制很重要，必须要用理性控制感性。无论每天如何娱乐，还是要保证自己有进入"场景"的时间。

有那么一句话："人一旦堕落，哪怕是短暂的几年，上帝就会以更快的速度，收走他的天赋和力量。"

所以，你不要觉得只有自己如此，人类在懒惰这方面的"基因"都是一样的。区分人的，说到底还是思维和行动。

你怎么看待日复一日的生活态度？是"明日复明日，明日何其多"，还是"今日事今日毕，每日都要进步一点点"？你怎么认为就会导致你怎么行动。

开启自己的加速度吧，逃离现在的生活状态，开创属于自己崭新的生活方式。

有人说："我也知道应该今日事今日毕啊，可我做不到。我如何能做到？"

前面其实也讲过，你做不到说明你的理性不足以控制你的感性。你练习得太少了，理性不够强壮，掰不过感性的手腕。

从大脑上来讲，就是大脑皮层的沟回机制没有构建完成，没有形成回路，神经元关联不强。你要让自己拥有一个新的习惯，形成一个"新的反射"。

所以，继续练习，直到新的习惯形成为止。我有一个很好的办法，就是在练习前，给自己设立一个目标，一个踮脚尖就能达到的目标，那个目标就像诱饵一样，吸引着你前进。

比如我自己，我在写书的过程中也会有犯懒的时候，但是我的阶段性目标就是要出一本书，所以我会坚持写完一本书。

我想让自己一些有益的理念能够被人们看到，让很多人能明白：看似平凡的你也蕴含着无尽的宝藏，你本来就带着"珍奇异宝"来到世间，你不是一无是处，你也可以做成一些事，取得一些成绩，度过有意义的一生。

不仅如此，你还可以照亮他人，让别人看到希望之光，让他人过上更便利的生活，让他人能够更加享受生活。世界会因为你而有所不同。

但是现实世界中，太多人觉得自己"没什么特别的才能""平凡无比""没什么资本""只能这样了"，我看到这样的情况，觉得非常心急。

你是平凡，你是没什么背景，看上去也没什么拿得出手的才华，但我想告诉你：很多伟大的成绩都是很平凡的人做出来的。

天才是有，但是天才非常稀少。而世界上这么多成绩、这么多的进步，不是都由天才完成的，大多数都是普通的人创造的。

我希望自己的书能给人们一些提示和帮助，让更多的人明白和相信自己的价值，看到自己的可能性。换一种思维生活，为自己的人生打开一扇门。

与此同时，我作为一个作家正式出道，我的人生道路展开了另外一种可能，这就是我的动力源泉。

力的作用是相互的，当你可以为别人提供价值的时候，个人的自我价值就会增加。

无论何时，都不要放弃，无论前方多么黑暗，路途看上去多么坎坷，不要停止，请你一直充满希望，继续前行。

第四章

人生的动机和目标

你是不是经常会想：我为什么来到世间？我要做些什么？我活着的意义是什么？我听过有人说："我活着的意义是不让家人因为失去我而伤心。"

其实，这是一种"苟活"。

对你我来说，我们需要明白为什么而活，不要活成一个只会吃喝拉撒的人。

很多人，都喜欢说自己活着是"为了谁"。我特别不喜欢男人或者女人的这种说法："我这么努力工作，这么辛苦，都是为了孩子。"

对我来说，工作是为了自己。我努力工作，用心生活，是因为我想对得起自己的人生；是因为我想对得起分分秒秒流逝的时光；是因为我想对得起风华正茂的年华。

假如没有孩子，难道你的生活就可以随便凑合着过吗？工作可以不这么努力吗？至少我不这么认为。

一个人，首先是一个独立的个体。

如果成了母亲或者父亲，更加要拥有获得幸福的能力，而不是自己艰难地过日子，然后把所有的期望寄托在孩子身上，给他压上一座大山，美其名曰"为了你"。

第一节 生命的真正意义是体验

　　作为父母，尤其是母亲，必须会制造幸福，学会享受生活，这样你的孩子也会成为自己幸福的源泉，而不是从他处找寻幸福。

　　自己才是最好的靠山，靠谁都不如靠自己。

　　所以不要把自己附着到他物、他人上，你就是你，你是独立的个体。

　　你的孩子也是独立的个体，不从属于任何人。他经由你的身体来到这个世界，但是并不属于你，他是独立的灵魂。

　　有孩子意味着可以体验"为人父母"的旅程。我们每个人都曾经是小孩，但是长大后早就忘记了当年的很多事情，再加上 3 岁以前的记忆是以模糊的感受为主，所以无法理解自己孩子的很多行为，甚至会对此非常气愤。

但是孩童时代的你也曾那样，其实有孩子这件事也是一个礼物，一个可以让你再经历一次童年的礼物。

设身处地，想象自己在他的位置，和他进行换身，你就能读懂他的诉求。另一方面，孩子其实是每个父母最好的镜子。

你会发现孩子的一些动作，例如坐姿、不喜欢物归原位的习惯和你一样；你会发现他说的话和你一样，那些话是你经常对他说或者是你当着他的面说别人的话；你会发现他和你"愤怒"的点都一样……

很多时候，当你看到孩子的行为，先别急着发脾气，他那个样子其实就是你的样子。只不过生活中，没有一个移动的镜子可以让你随时随地看到自己。你若想看的话，看看自己的孩子就可以了。

我和孩子相处的过程中，看到了自己身上以前并没有被发现的东西：懦弱和伪装。

比如孩子在街上走路，有的时候会跑会跳，容易撞到别人，以前的我很怕他这样会引来路人不耐烦的责骂，觉得是我没有管教好孩子，所以会很凶地批评他这个行为。

其实孩子蹦蹦跳跳是常态，他们不可能和大人一样规规矩矩，所以家长要温柔地告诉他玩耍的时候要替别人着想，碰到了就真诚地说对不起。

再比如之前他弄湿了爷爷的艾条，还有偶尔不听姥爷话非去动姥爷的东西，惹来两位老人相当难听的责骂。其实，这已经大大超出他所犯错误该承担的惩罚。

我懦弱到不敢和老人理论，害怕老人觉得我护子心切，不管教孩子；害怕他们觉得帮我带孩子已经那么辛苦了，我还不允许他们批评孩子；害怕自己以后和他们不好相处。

在这个过程中我发现自己原来这么的自私和懦弱，我都无法忍受这样的自己。

孩子刚开始学小提琴的时候，我跟练了一小段时间，发现他上手还算快，我就不再跟练，想着让他自己去坚持就好。

后来过了几个月他练习的状态越来越差，我反思了一下才明白，这种事情，一开始就是要父母跟他一起坚持，他才能走下去。

一个几岁的孩子，你要求他坚持、好学，这想法本来就不现实。

　　你那么渴望学好英语，又坚持了多久呢？你那么渴望成功，又坚持做过什么事情呢？你那么喜欢美丽，真的下过功夫吗？

　　所以在这种事情上，不要过多地去指责孩子，最好的教育是：以身作则！

　　孩子的诞生，带给你我重走童年路的机会。童年的很多事情早已模糊，只留下身边人带给我的印记，或深或浅地影响着我。

　　今天孩子的到来，我通过不断地观察、体会、思考和反省，逐渐地在模糊的水雾中看到镜中的自己。这真是奇妙的感觉。

第二节 你做的事情和钱没关系

谁都离不开钱，如今的社会不是原始社会了，那时男耕女织、自给自足，当今社会需要商业，需要赚钱。

这个时代，没有钱寸步难行。所以我不赞同把钱和商业同狡诈、肮脏联系在一起。

赚钱是理所应当的，商业也可以是诚实的，而且诚实的商人一点儿都不少，至少我一直要求自己真诚地对待自己从事的工作。

其实，在现在这个时代，没有一个人不是在销售，只不过有人在销售体力，有人在销售脑力，有人在销售名气。讲师们销售知识、设计师销售创意、工人师傅销售自己的手工技艺、名人销售自己的影响力……大家都在从事商业活动。

所以说，商业和赚钱完全不代表肮脏和狡诈，商业就是商业，就像空气只是空气，赚钱就像以前种田这个动作一样，不要戴上有色眼镜来看待和评价钱与商业。

那么我为何说，不要把做事的目标定为赚钱呢？

动机和目标一定不能是钱。人们总以为，有了钱就有了快乐，有了钱就有了幸福。

钱的确可以买到很多物质的东西，但是钱不等同于快乐和幸福。就算你用钱买到了所有想要的东西，也并不一定感受到幸福。

现实中，物质拥有的效应存在边际递减，而且递减得相当厉害。千万不要以为"我的钱多了就好了，我的钱多了就会幸福了"。

多少才是多？每个人的标准不同。

如果你的人生只是追求"多"，那注定了你是不会快乐的，因为"多"是没有上限的。如果你以"钱"为动机和目标，那么你就成了钱的奴隶。

欲望是会不断膨胀的，欲望越喂越大，最后大到可以把你自己吞掉。所以，欲望需要用理性来控制。就像我以前住85平方米房子的时候，天天渴望住大房子。

后来我终于住上了双阳台的大房，房间数目增加了，自己和老公可以分房睡，爷爷、奶奶和外公、外婆两对夫妻都有了各自固定的房间。我的卧室大到甚至可以分出一间来做书房……

即便是这样的居住环境，我也只是感受了几次快乐而已，就是最开始的时候偶然有那么几天，感觉到"我终于住上大房了"的幸福，后来就再也没有了，因为我的欲望又膨胀了。

没有最好只有更好，没有最多只有更多，欲望是没有止境的。

如果你的欲望只和物质以及金钱相关，那注定你会疲惫不堪。因为，没有最多，只有更多。

我们只是浩瀚宇宙中一个星球上的生物体——人类，体积和重量都小得可怜，却拥有许多物品，同时还在不断地追求更多，这真是一个没有尽头的追逐游戏。

无数的人参与其中，奔跑追逐，永生饥渴，看不到自己的"宝藏"，看不到自己的丰盈，看不到自己拥有的东西，就像饿死鬼一样，永远都吃不饱，从来感受不到幸福和快乐。

如此这般的生活，导致某些人觉得自己生活在悲惨世界中，这真是"一念天堂一念地狱"。同样一个星球上甚至同样一座城市里，对有些人来说是天堂，对有些人来说是地狱。但这个感受不是别人带给你的，而是你自己创造的。

这个世界其实很有意思，你越想得到什么，你越得不到什么。你越不把它当回事儿，它反倒跑过来追你。

所以，作为一个生命体，在短暂的几十年里，真的做到"做人，最要紧是开心"是要大智慧的。你所做的一切，所追求的一切，不过都是为了开心。

想明白这个核心，就不要计算太多，接受和享受自己已经拥有的一切，就是最好的状态和最快的捷径。完全地放松，热爱自己的工作，沉浸其中，其实是最"快"的路。

有人会说："你说的这些是老板忽悠员工的手段。"

确实，有些老板喜欢说："工作不要看钱，要看能学到什么东西，在我这里你能不断地成长，你可以拥有能力，这比金钱更值钱。"

然后等发工资、发分红的时候就尽量少给员工。这种行为我坚决不赞同。

这种老板前面说对了，但是后面做错了。钱确实不是最重要的，但是这不能成为你减少员工所得的借口。作为一个老板，不仅仅要说正确的话，更重要的是要做正确的事。

现在很多人都说："不能相信那种只是和你谈理想的老板，要看他给你多少报酬。"我觉得是有道理的。

有一些老板画饼技术一流，喜欢和你谈未来的美好画面，但是到了发奖金的时候能少发就少发，能不发就不发。这是绝对不行的，这种做法可以算一种欺骗了。

千万不要克扣员工的工资，利润多就多发，利润少就少发，绝对不能不发。作为老板，制定工资是要有原则的，我个人认为应该做到比行业内的平均水平高，这样才能留得住人。

这里要特别注意，所谓平均水平不是光看金额，还要算进去时间。月工资的话，要考虑每月工作的总时间（小时），核算单位时间的所得来看。

钱虽然不是最重要的，但是钱确实是很重要的一个指标，因为它可以表达态度，表达观念，表达为人。

钱，衡量你对他人价值的判断，你怎么看待别人的付出。钱可以表达对他人认可和感谢、信任和爱。所以，不能用"钱不是最重要的"这句做借口来少给别人。这样为自己谋私利的人，人不会跟着你，钱自然也不会长久跟随你。

动机不是钱的话，那应该是什么？就是体验生活，比如看看自己所处的环境——看山看海，看天看地；还有看自己，"看"自己的身体，"看"自己的感受，"看"自己的行动。

做事情的时候，你会与不同的人沟通协作，一起完成一件事情。这个过程中你会"看到"自己的思维，包括对事物的概念、认知、处理顺序，做每件事都是在"看到自己"，都是在"发现自己和探索世界"。

所以，我觉得踏踏实实地做事情，一心一意地过日子，就是幸福。

什么是踏踏实实地做事情？做一件事情的时候，心无旁骛。当然这并不是说到就能做到的，但是首先要有这种认识和要求，然后反复练习，不断强化，形成自己的习惯。

现实生活中，每个人都容易觉得别人的生活更好，别人碗里的饭更香。其实，别人有别人的乐，也有自己的苦，和你一样。

自己这行做得累了，遇到难事，就想：我怎么干这一行呀？我要是干某某那一行就好了。其实别人的工作也并不轻松，你只看到了别人的风光，没看到别人吃的苦、受的累。

遇到困难，告诉自己："又要成长了。"咬牙挺过去，又是一个新高度。

幸福，远远不只身体上，还包括心灵。

幸福，就是踏实地感受生命，体验生命。

我认为，人生的意义就是在每个日子中认识自己和认识世界。

第三节 让人生高效的五个法宝

有了正确的目标和动机，再加一些行为法宝就可以独步天下了，我这里分享几个非常重要的生活原则。

1. 不说谎话

一个谎话需要 10 个谎话去圆，那 10 个谎话需要 100 个去圆……这是个无穷尽的游戏。你会被这个游戏整到体无完肤、痛苦不堪，无论何时都不要开这个头。

所以从这个意义上讲，诚实是价值很高的品质。

如果一个人诚实，那他在别人眼里就非常有信誉，这是自己最强大的后盾。诚实是一种能让人踏实和幸福的至高品格。

2. 不要嫉妒

嫉妒是一种没有任何价值的行为，它既不带来任何收入的增长，也不会让你产生一秒钟的愉悦。它唯一能给你的只有痛苦、饥渴和酸楚！

嫉妒就是自己给自己下的毒药，所以彻彻底底地把嫉妒删除吧！

看得了别人好，自己才能更好。

嫉妒真的是一种杀人不见血的武器，而且杀的这个人是自己，并不是对方。嫉妒，就像一把神奇的带毒的刀，当你把它刺向别人的时候，它的毒液会顺着刀把柄流向你自己。

因嫉妒产生巨大损失的例子很多，印度就有一个小故事充分说明了嫉妒有多可怕。

一个人遇见上帝。

上帝说："我可以满足你任何的一个愿望，但前提是你的邻居会得到双份的报酬。"

那有个人高兴不已，但他细心一想：如果我得到一份田产，我邻居就会得到两份田产了；如果我要一箱金子，那邻居就会得到两箱金子了……

他想来想去，不知道提出什么要求才好，因为他实在不甘心被邻居白占便宜。

最后，他一咬牙说："你挖我一只眼珠吧。"

千万不要做这样的人，既伤害了别人，自己也得不到什么好处。

看到别人的生活比我们如意时，我们一定要摆脱嫉妒的情绪，真心祝福别人。

这个作用力是双向的，你不但会收到对方的感谢或者肯定，还会收获你想要的东西——快乐与满足。

3. 不要抱怨

抱怨就像野草，很难拔除。

为什么？

因为抱怨可以把责任推给别人，从而让自己的身心获得一点舒适感。

"他怎么这样啊，要不是他，我就……"

这种话我们在生活中听得太多了，其实，抱怨是一种欺骗。欺骗的是自己，麻木的是自己。

错误是别人的——这当然是个很好的理由，可以遮住别人看向自己的眼睛，掩盖错误发生的原因，不给别人深入观察的机会。

许多人都活在"自己是对的"的假象里，所以抱怨是无能者的宠物。

虽然，有些错误确实是别人犯的，可当我们抱怨时，除了从自己身体内发出"怨气"，还能有什么作用呢？对方会因为你的抱怨而改正吗？

多数情况下，对方会因为你的抱怨而产生逆反心理，觉得你不会好好说话，不会点出核心，不会解决事情，只知道怨。

抱怨是一种错误的情绪宣泄方式，人都有情绪，都有不满，但是表达是需要方法的。

正确的做法是思考自己能做什么来让改变发生。如果实际上做事的不是自己，启发办事的人思考如何改进，一起探讨然后敲定新的方案。

如果是很亲密的人，可以表达自己的感受，例如说："这事让我挺难过的，我们好好解决一下吧。"

4. 不要骄傲

永远都不要骄傲，环境想消灭你的流动性是轻而易举的事情。

比如，你刚觉得自己有点儿钱了，月入五六万，又不用供房，可以活得轻松点儿了。

可是人的需求总是在不断升高的，你会突然想置换房子，因为要住得更好，更舒服，所以卖掉老房子，付了首付，新房子月供需要很多钱。你一下子就老实了，消停了，又要抓紧时间奋斗了。

再比如，有很多房子的人，本来以为可以靠收租养活自己和子孙儿女时，政府突然规定，以后楼盘全部都要有租赁住房，政府将控制市面上绝大多数的租赁房……竞争对手直接成了政府。

这下你不得不警惕起来，跟上形势每天学习，躺着赚钱是不可能了。如果下一代不学无术，可能还会葬送自己打下的江山。

所以我说，环境就是如来，你就算是孙悟空，也跑不出如来的手掌心，踏踏实实地过日子，别飘飘然、别骄傲、别得意，因为你始终不是规则的制定者。

所以，无论你现在多么春风得意，都要有危机感。这里说的危机感不是说要天天活在焦虑之中，而是说要做一个有觉知的人。

5.戒除懒惰

前文提到过"人为什么懒惰"。这里再次拿出来说，因为我觉得有必要把它归到这一类里，这里一共6点，都是一定要从生命中除去的东西。

前段时间在微博上看过一篇新闻，卖煎饼的大妈和一个姑娘争论，说的是："姑娘你放心，我月入3万元不会少你一颗鸡蛋的。"

这个消息在网上火了几天。读到的时候我就觉得特别提神，还在微博写了一段。

你月入达到3万元了吗？卖煎饼的大妈月入3万元，我一点都不稀奇。因为在我的老家，三四线的地级市，卖烧饼的大叔在我们城里有两套房，一个烧饼才卖1元5角，这还是今年才涨上来的，原来是1元2角。

如果你不是高级打工者（含中高级），收入大概真的比不上街边摆摊的小贩。你只是职业名字好听一点，但大多数人眷恋的往往就是这个好听一点儿的职业名。

当然还有很多人是因为打工有一个平台，有安全感。有的时候你不需要太用心，公司也会带动着你向前走。

如果自己出来创业的话，什么事都要自己想。哪怕是很小的生意，你要成为一个推动者。

我说这些并不是想劝谁辞职，而是希望大家把下班时间利用起来，给自己做一个积累、做一些铺垫，开始行动。

不管是什么事，只要选定了一个领域，然后坚持行动，三年就能出点儿小成绩，还很有可能出大成绩。

你什么都不做，理性完全处于待机状态，根本不干预自己，不控制自己，那你不会有任何长进和认识。

有人说："某某也挺勤快的啊，天天起早贪黑结果还不是物质生活过得苦？"

懒惰不只是指身体上的行动，还包括思想上的不探求、不改变。机体只能跟着思维做重复的机械运动，这也是一种懒惰。

无论你患的是哪种懒惰，都会阻止你探寻人生的意义，阻止你体会人生多种的可能性。

如果你不把控好自己，那么人生中最珍贵的东西——时间，就会在分分秒秒中变成吞噬你的怪物。

6.感恩环境

现在我们的国家还处于巨大的增量中，你稍微勤快一点儿就能改变自己的处境。

其实大多数人的成功都是因为搭上了国家这部快车，并不是你多厉害。有些人不知道是时代造就了自己，总觉得自己很厉害、很了不起。

比如说有人买了几套房，后来享受到了巨大的增值红利。但是有多少人是买房之前就预见到了未来的房价的？

还有很多赚了大钱的老板，有一些是有真本事的，但其实大多数都是搭上了行业的电梯。

当然，人家能在那个时候，选择搭那部电梯，也是要有决心和行动力的，这点还是比没搭上的人高。

所以，我们一定要行动，就算取得了成绩，也要心平气和地继续行动，千万不要觉得自己多厉害。你不过是生在了这个地方，生在了这个年代，是环境成就了你。

有人说中国开始阶层固化了，我是不同意的。我们国家的城市化才不到60%，还有不小的空间要发展、要补充、要填空。

如果你生活在大城市，你看看现在城市的建设，一下子就能看到还有太多的基础设施没有建完，比如深圳的地铁，还有10多条没开始修呢！

深圳西部还有巨大的空地等着建设，即便是已经很发达的后海、蛇口地区，依然还有不少工程在兴建，这些都是"机会"。

我们国家GDP每年增加6.5%，你只要勤快点儿，多琢磨多行动，就能看到很多机会，很多可能性。

你望着一桌子菜，不停地提问："我该吃哪个好呢？"踌躇半天，那纯粹是浪费时间。你只要先选一个能够得着的菜，开吃就是了。没那么复杂！

生在这个时代（时间），这个国家（地点），你自己（人物）只需要行动起来就能借这个势去书写自己的故事。

一个故事的三个核心条件，你一个都不缺。你只需要"写出"故事的起因、经过、结果即可。

感恩一切吧，你值得拥有！

第四节 把握时代机会创造成绩

以前你说你会写文章、绘画、说唱、设计、表演，可怎么样才能碰到赏识你的"伯乐"？

现在无数的平台，可以让你展示自己的才能，你随便说句什么话都能有人喜欢。

比如那个说"蓝瘦，香菇"的男主，居然因为这句话就红了，你说那句话有什么高科技含量？

这就是时代赋予他的机会，机会有了，还是要看怎么把握。没有真材实料的，也乘不上机会这只舟。

说说我知道的那些把握住机会，创造了成绩的人，希望能给你一点启发：

案例 1

2015 年 1 月，我在微博追韩剧《healer》，无意中关注了一个号。

那个号的博主喜欢男主，经常发一些男主角的截图，吸引了一些男主粉和剧粉，后来电视剧结束的时候她粉丝数量是 1 万人左右。

之后她开始在微博卖零食，但是卖了 1 ~ 2 个月就不卖了，我也没有再留意她。

2016 年年底，我随意一翻，看到她的粉丝有 10 万人了，她头衔也变成了：微博知名搞笑博主。

2017 年 7 月我再一看，她粉丝 100 万人了！

我不由得再次吃惊。

曾经她在微博上抱怨自己找不到工作，一直向爸妈要钱，觉得很不踏实。现在看来，我估计她能月入 5 ~ 8 万元了。

总结下这个女孩子：20 多岁很年轻，手机控，喜欢搞笑，吸引的也是年纪相近、爱好相同的人。

她主要的卖点是：电视剧里的截图，配搞笑文字；别人制作的搞笑视频、搞笑新闻等。

这就是时代赋予她的机会，而她很好地把握住了。

那天老妈和我说，一个老奶奶告诉她，植物发芽之后，必须要长出 3 片以上的叶子才能活下去，如果只长出 1 片叶子就要小心呵护了。

我突然想到其实天下的道理都是相通的，比如一个人，如果只有一个技能，那是很危险的。

因为时代在发展变化，等哪天你那个技能不再那么吃香，不再那么被需要，你该怎么办？

同理，如果你有一份收入还不错的工作，是不是就可以高枕无忧了？

如果是我，内心肯定不能安稳，必须在业余时间做点什么，想办法让自己"多长几片叶子"才行。

案例 2

我知道一个女孩子，能力非常强。

她是个游走的摄影师，就是走到哪个城市拍摄到哪个城市，拍一天收入几千元。当然，她拍得也确实好，很适合高端文艺青年的口味。

她还是个书店咖啡屋的股东，后来又和友人合作，开了个性旅店以及和其他友人共同经营一个服装品牌，她主要是帮忙拍摄模特照和宣传。

与此同时，她还有书写训练营，每个季度开一次班，带你写 20 天还是一个月，收费入群。

最后，她还组织疗愈旅行团，在陌生的地方和陌生的队友，开展"认识"自己的陌生旅程，每几个月出国一次，同时全程拍摄异域他乡的你……

她不用打卡上下班，却可以在同一天有着不同进度的工作，挣钱自不必说，关键是一辈子的时间活出了几辈子的滋味，这样的人生多有意思？

我觉得这一切的前提是打开自己，相信自己，相信世界的广阔和无限。

你不设限，自然就没有什么能限制得到你。只要去行动就没有什么不可能的，我们也可以有很多片叶子。

不过仔细琢磨，你就会发现，她这些不同的"叶子"都和一个技能有关系，就是摄影。

所以说多维度发展也还是要有核心技能的。你的核心技能是什么？用它能够长出多少片叶子？

案例3

六哥原来在四线小城市工作，利用业余时间读书、拆书，周末坐动车跑大城市参加拆书会。然后开始在简书上发表心得，起初也是无人问津，后来慢慢粉丝多了起来，成了简书的头牌作家，出版了自己的作品。

后来他辞职来到深圳，签约了深圳做教育的企业——行动派，有了自己个人的品牌。

2017年，六哥的个人团队业绩超过550万元了。

六哥从兼职写作到简书作者，再到现在国内知识界一哥级人物，也就2年多。互联网帮助他实现了自身的飞跃。

所以，我们也可以利用业余时间做点儿什么，让自己的生活变得更好。

其实，追星也会产生很多种结果。

有的人靠分享明星资讯，积累了几万粉丝；有的人为了追星，学会了第二门外语；有的人只是看个热闹，天天跟着聊聊八卦，让时光白白流走，什么都没留下。

同一份工作，不同的人做就有不同的结果。

案例 4

有个人喜欢双宋（宋仲基、宋慧乔），《太阳的后裔》结束后，她从 2016 年 9 月开始学习韩语，到了 2017 年初就可以熟练阅读韩语新闻了。

通过翻译韩网新闻，分享双宋消息，她的粉丝数量涨到了好几万人。

因为有追星作为动力源泉，她既学了外语，又积累了人气。

这样的例子很多，每个比较出名的明星都有几个超级粉丝，这些粉丝靠着明星这样的大树，能学习不少东西，同时还能创收。

另外，还有喜欢看电视剧的，看电视剧也可以创收。比如写剧评，不少人剧评写得很有水平，还有人能提前分析出剧情走向，分析出人物角色如何设立，猜测出编剧架构。

这种人持续地做，慢慢地会被一些娱乐公司联系写影评，推电影，这些都是可以创收的途径。再多练习练习也可以自己写小说甚至剧本，这是输入和输出非常好的结合。

你看到别人是在玩儿，但其实有价值的玩儿就是创造。玩，也是分很多层次的，什么行业都有做得好的人。

案例 5

微博有一个和我互关的帅哥，"95 后"，2017 年底粉丝数量接近 6 万人，那时他陆续开了好几个公司：投资咨询公司、珠宝玉器公司、网络直播公司……

最早他是做珠宝玉器的，后来因为懂得房地产，持续在微博分享个人的观点，最后慢慢开展了房地产和金融相关的事业，年底还被新浪邀请到北京参加微博周年大 V 的会议，真的是年少有成。

网络上，传有这样一个定律：一千个铁粉就可以养活一家人。

怎么判断铁粉数量呢？其实粉丝总量达到 1 万人，铁粉差不多就达到 1000 人左右了。这时候，博主开始做点什么就可以养活自己。

这只是说了微博，更别说还有其他的平台，比如公众号、豆瓣、头条、简书、抖音等。

很多平台，只要你坚持展示有价值的内容，就会获得粉丝关注。

我知道一个做游戏直播的人，就是在线直播自己打游戏，几年时间也在上海买房、买车了。

虽然我只能看到这些物质东西，无法判断他内心是否丰富幸福。但是有一点可以肯定，能有这样的物质收获，一定是因为自己的输出被别人需要、肯定、认可了，拥有这样的价值，谁会不开心呢？

挣钱这个事，实质上就是能量交换。你输出的价值越高，被需要的越多，你得到的自然也就越多。

总之，这个时代，赋予你无限的机会和可能。

以前的时代是：从外在求发展的可能性，"外求"——求关系、求渠道、求机会；

现在的时代是：向自己求发展的可能性，"内求"——求兴趣、求热情、求希望。

拥有了兴趣、热情、希望，再加上行动，你就可以创造出属于自己的小天地。你优秀，自然会吸引到很多的目光和赏识。你若芳香，蝴蝶自来，这就是吸引力法则。

　　我们每个人都可以运用吸引力法则来建立自己的品牌，无论你做什么，在这个大时代中，你都必须建立自己的品牌。

　　无论是产品品牌还是个人品牌，建立品牌就是积累，你所有的付出都会积累到这个品牌上，这个过程和搬砖完全不同。

　　搬砖就是搬一块赚一块的钱，不搬就没有收入，这和挑水喝一个逻辑。和挑水喝比，我建议每个人都挖井。

　　现在就开始挖一个属于自己的井吧！

　　网上有一句很出名的话：栽一棵树最好的时间是 20 年前，其次就是现在。

　　如果你想做点儿什么，何时开始都不晚，最重要的是你能持续到什么时候。

第五节 观察和探究事物的规律

万事皆有规律。

这个世界，想要把事情做好，都要明白其中的基本原理。就像地球旋转是遵循轨道和时间的，你想办好一件事情，不去想明白其中的逻辑和原理就出手，能做到多好呢？

比如炒菜，一般的菜肴都是要先熟油再放姜、蒜炝锅，出了味道才放菜进去。你非要不放油直接放蒜和姜，然后才倒油，那能好吃吗？美其名曰是创新，创新也是看深层规律的。

做好一件事的最基本要求，就是要看懂并遵循它运行的逻辑。

有些事简单，看看就能明白，有些事则需要时间去练习。同一件事，别人三个月就能看到深处，我却需要三年才摸着门道，这确实是差距。但他也有悟得慢的事情，尤其是身在其中的时候，更不容易看清。跳出来看，才能见全貌。要学会把自己脱离出来看问题。

初中的时候，我们班里有个男孩子学习很好，有一次，我放学去车棚取车遇到他，就问："你数学又考了那么高分，有什么学习的秘诀？"

他笑笑说："就两个字，看书。"

当时的我对此没有那么多认识，听到这个答案觉得没什么新鲜的，以为他是随口说来打发我的。其实回头想想，这真是极简的一句至理名言，可惜我那个时候就是不信。

我是从来不看书的人，不会一字一句地读懂一个问题，但是凭借点小聪明，我就能取得中上等的学习成绩（初中的我总是全班第七名）。

但是这种技能到了高中就没用了，高中的知识深度不是光听课就能完全弄懂的。

大学时，我学的是电子信息工程，我们班有两个女生和我关系很好，她们都很爱学习，成绩也很好，其中一个几乎是每个学期都拿奖学金。

我问她们学习方法的时候，也是被告知，要看书，一遍看不懂看第二遍，两遍看不懂看三遍，核心的定理一定要看明白。

像我这种从来只是听课不看书的人，自从运用了"看书"这个方法后，立刻体会到了明显的进步。

比如原本对我来说非常难的大学物理和高数，在我按她们说的方法去做后，就变得简单了。

后来参加了工作，我的一个同事和我讲她所有学科中数学最好，觉得数学比任何科目都简单。因为这是我最弱的学科，所以我赶紧问她学数学的秘诀是什么。

她说："看懂概念、公式、定理，然后记住。"说的和我初中和大学同学基本一样，看来数学学得好的人都是懂得理科的学习规律。

总结一下，我的初中学霸同学、大学好友、公司同事，说的方法都是同一种——看书。

我们都上过数学课，数学书的每一课后面都会有练习题，这些题都是为了让你练习这一课的定律和公式。不会做的题，返回看本课的公式和定律，一字一句地看，一字一句地理解透了就会了。

平时自己留意总结每章的公式定理和相关问题，一点点积累起来，到了考试就没那么难了。这就是学习好的秘诀。

　　当然，这里说的学数学的方法，这个方法能让你考个上等分数（按分数层次分上、中、下三层），但是，你要想成为顶尖的数学人才那就另当别论了。

　　写到这里，我想穿插阐述一下"概念"这个词。

　　无论是学生时期的学习还是到了社会上的学习和工作，你接触的所有事物都需要被描述，描述就需要一个承载的词语，这个词语就是每个事物的"概念"。

　　但是同样一个概念（词语）在同样一个国家、同样一个城市里，每个人的认识是不同的。

　　比如"下午"这个词，我认为 14:00 ~ 17:00 是下午，但是我一个朋友觉得 16:00 点前都是中午，下午不包括 14:00 ~ 16:00。我要是和她沟通，说到下午这个词，双方理解就会有出入。

　　还有很多的概念，人和人的理解都不相同，比如粗和细、高和矮、胖和瘦，每个人心中的定义不可能一模一样。

　　比如在家庭生活中，你和你的配偶对干净和整洁的要求是不同的，因为在你们各自的心中，这个概念所指的"图像"不一样。所以很容易发生这样的情况：一起干完家务后，因为一方对干净程度不满意，而产生争执和不愉快。

再比如你和你的合作伙伴，一件事你觉得做到这样已经很不错了，而他却觉得这种成绩最多算及格，对现状非常不满，这是因为每个人对"成功"的定义是不同的。

每个人对努力的定义也不同，你觉得自己已经很努力了，可能在别人看来，你这种努力程度只是他的起跑线。

这也是为何军队执行任务前都要集体对时间，因为每个人身上的"手表"不一样。所以在工作和生活中，要确保你沟通对象的"手表"和你是同一个时间，你们的沟通才有意义。否则就是各说各话，双方都以为自己表达清楚了，结果最后发现完全不是那么一回事。

至于那些光听课不看书或者看几页书不听课，就能次次获得高成绩的天才，属于正态分布里高峰两侧的人，极其稀有。

我们绝大多数还是处于正态分布正中的人，也就是普通人。虽然我们没办法像天才一样，轻而易举地取得成绩，但是我们只要懂得探寻一些规律，然后不断地刻意练习就可以取得一些成绩，甚至脱颖而出。

上面说了学数学的方法，其实任何学科的学习都有"规律"可寻。任何书，每个章节的标题就是这个章节的主题，数学也好，物理、化学也好，看目录就知道这本教材的核心是什么。

所以学生一定要懂得看目录，目录就是一本书的主要框架，研究清楚框架的结构，就把一本书主要讲什么、其逻辑演绎弄明白了。

有了骨架，再往骨架里填肉就能把一本书的所有内容都学习到了。每章里的每个概念都弄懂，公式都记住，然后做练习题练习一下自己的理解，加深记忆，基本的考试就都能应付了。

不看目录的学习就是一锅粥，学到昏天黑地都抓不住核心，累到半死都考不了高分。

其实看书也是这样的方法，首先要看目录，然后找最核心的概念看，看完后找最感兴趣的章节看，并不是每本书都要遵循从头到尾一字一句看的规律。

当然有价值的书，一定有需要你"一字一句"去读的内容。看目录的学习和读书方法，其实和思维导图是一个逻辑。

这里再阐述一个社会学中处处都体现的定律：经济基础决定上层建筑。

我认为，这个就是物质决定精神论的扩大化阐述。

例如，很多网友说泰剧是一流的演员、二流的导演、三流的编剧，所以泰国的演员在亚洲市场上没有韩国演员那么抢手，收入也低很多。

其实这个并不是核心的原因。泰国的电视剧确实有很多故事编得非常"狗血"，有些甚至完全没有逻辑，但是即便编剧可以做到剧情严谨，逻辑超强，故事丰满，也并不能改变泰国演员国际欢迎度的问题。

核心的原因是：泰国不是发达国家。韩国即便只有泰国面积的 1/5 左右，但是它属于发达国家，所以它的文艺作品是被追捧的，因为人们渴望那样的生活方式。

10 年前，我还没有听说过密码锁的时候，就在一部韩剧里看到每个门都有密码锁；5 年前，我看到韩剧里直接用手机识别面部来播放音乐；更不用说剧里面华丽高档的衣服，那就像全球一线品牌的展览会一样让人赏心悦目。

整个亚洲能够做到文化输出的国家，第一是日本，其次就是韩国。

20世纪90年代，李连杰去了香港以后，成了世界武打巨星。

平台真的太重要了，那个时代的香港作为全球著名的自由贸易港，亚洲的金融中心，经济极其繁荣。

所以，20世纪90年代的香港生产了很多经典的文艺作品，香港的顶尖明星也能成为东南亚甚至亚洲的巨星。

20世纪90年代后期，韩国的文化业开始冒头，因为他们20世纪80年代后期到20世纪90年代中期经济飞速发展，给文化产业的发展打好了基础。

这就是为什么我觉得中国文化产业大有可为，随着我们国家经济实力的提升，文化产业增长的空间非常大。

所以对文化产业有兴趣的朋友们赶紧行动吧，无论你想做演员、编剧、导演，还是幕后的设计人员，都大有可为，因为中国必将掀起汹涌的文化浪潮，并席卷全球。

你生在什么国家，什么时代，这两点非常重要，庆幸你我出生在这个时期的中国，我们可以见证祖国的复兴，可以踏到这个巨浪上乘风前行，这样的人生何其所幸！